RIKE GEIST

# Australian — Shepherd

## Praxiswissen Hund

AUSWAHL, HALTUNG,
ERZIEHUNG, BESCHÄFTIGUNG

MIT KOSMOS MEHR ENTDECKEN
Aktuelles
Experten
— wissen
SEIT 1822

KOSMOS

# ☞ Inhalt

# SO SIND AUSTRALIAN SHEPHERDS
## — *Geschichte und Wesen*

# URSPRUNG UND HERKUNFT

**Wie bei vielen Hunderassen gibt es auch beim Australian Shepherd zahlreiche Theorien über den Ursprung. Anders als der Name es vermuten lässt, gilt heute als gesichert, dass er nicht aus Australien stammt, sondern sich ausschließlich in den USA entwickelt hat.**

Die genaue Entstehung des liebevoll „Aussie“ genannten Hütehundes lässt sich nur schwer erschließen, da es leider keine Aufzeichnungen, sondern lediglich mündliche Überlieferungen aus dieser Zeit gibt.
Die Geschichte des Aussies beginnt vermutlich mit der Besiedlung des amerikanischen Westens im 19. Jahrhundert. Die Auswanderungswellen brachten viele Europäer und Australier in den „Wilden Westen“ und mit ihnen auch ihre Hunde. Zu Beginn des 20. Jahrhunderts wurden Merinoschafe von Spanien nach Australien exportiert und von dort weiter nach Amerika. Auch hier begleiteten die Schäfer ihre Hunde. Die australischen Schafe wurden „australian sheep“ genannt, weshalb ihre tierischen Wächter den Namen Australian Shepherd bekamen. Bei diesem Namen ist es bis heute geblieben.

## DIE VORFAHREN DES AUSSIE

Es liegt nahe, dass aufgrund der zahlreichen europäischen und australischen Einflüsse die Vorfahren des Aussies vermutlich viele verschiedene alte Hütehundrassen sind. Zu den Hunden der Schäfer gehörten unter anderem der German Collie, der Pyrenäenberghund, der Australian Cattle Dog und der Australian Kelpie. Die Kreuzungen der bereits am Vieh arbeitenden, rasselosen Farmhunde mit den importierten Hütehunden werden den anpassungsbereiten, zähen, intelligenten und zuverlässigen Hütehund hervorgebracht haben, den die Indianer damals als „ghost-eyed-ones” (die mit den Geisteraugen) betitelten. Die Arbeit der Schäfer und ihrer Hunde war kräftezehrend, langwierig und hart. Die

*Ein aktiver Aussie bei seiner ursprünglichsten Arbeit, dem Hüten.*

*Für die vielseitige Arbeit am Vieh gezüchtet – sowohl an Rindern, Schafen als auch an Enten.*

Schäferhunde mussten demnach anpassungsbereit und zäh sein sowie über einen ausgeprägten Hütetrieb verfügen, damit sie ihrer Aufgabe an der Herde gerecht wurden. Ebenso unumgänglich war eine große Bereitschaft der Hunde, ihrem Schäfer aufmerksam und treu zu folgen. Der in der Entstehung befindliche Australian Shepherd muss diese Anforderungen mitgebracht haben.

Von einer Rassezucht, wie wir sie heute kennen, waren die Farmer damals weit entfernt. Verpaart wurden Hunde mit allerbesten Arbeitseigenschaften. Es wurde nicht nach Farben, Schönheit oder Rasse selektiert, sondern lediglich nach Leistungsbereitschaft und Leistungsfähigkeit.

Wirklich bekannt wurde der Aussie erst durch die Teilnahme an Hütewettbewerben, Rodeo und vor allem durch Pferde- und Hundeschauen. Auf diesen zeigten sie ihr unglaubliches Können am Vieh und überraschten die Zuschauer zusätzlich mit tollen Tricks.

In den 1950er-Jahren war Jay Sisler der Erste, der die wundervollen Fähigkeiten des Aussies einem breiten Publikum quer durch Amerika und Kanada vorführte. Seine Hunde konnten auf Leitern klettern, Seilspringen, mit den Hinterbeinen auf dünnen Stangen balancieren, tanzen und vieles mehr. Jay Sislers Rüde „Shorty“ kann man noch heute in den Ahnenreihen vieler Aussies finden.

## DIE ZUCHTGESCHICHTE DES AUSSIE

Im Herbst 1957 gründete eine kleine Gruppe von Australian-Shepherd-Liebhabern in Arizona den Australian Shepherd Club of America, kurz ASCA. Die offizielle Registrierung für den Aussie übernahm damals die International English Shepherd Registry (IESR). The International Australian Shepherd Association (IASA) eröffnete in den frühen 1970er-Jahren ihre Zuchtbücher. Der ASCA übernahm 1971 die offizielle Registrierung des Australian Shepherds. Der Zusammenschluss von ASCA und IASA im Jahr 1980 machte den ASCA fortan zum größten Einzelrasseclub Nordamerikas.

Der wahrscheinlich größte Schritt in der Zucht des Australian Shepherds war die Entwicklung eines detaillierten Zuchtstandards. Ein Komitee aus führenden Aussie-Züchtern, Viehzüchtern, Richtern, Tierärzten und anderen Hunde-Experten arbeitete seit 1975 mit dem ASCA zusammen, bevor der Rassestandard im Januar 1977 in Kraft trat.
Der American Kennel Club (AKC) ist die führende amerikanische Hundezüchterorganisation für alle Hunderassen. Auch dieser öffnete 1991 seine Zuchtbücher für den Aussie und entwickelte einen eigenen Standard, der 1993 in Kraft trat. Die Weltorganisation für alle Hunderassen, die Fédération Cynologique Internationale (FCI), der auch der Verband für das Deutsche Hundewesen (VDH) angehört, erkannte den Australian Shepherd 1996 mit der FCI-Standard-Nr. 342 als Rasse an. Die FCI, und somit auch der VDH, erkennt nur die Abstammungsnachweise des AKC an. Hierin begründet sich, dass viele deutsche Zuchthunde mit doppelten Papieren (AKC und ASCA) ausgestattet sind.

Über die Jahre haben sich viele spezielle Rasseclubs für den Australian Shepherd gegründet, die ihren Mitgliedern die Möglichkeit zur Teilnahme an Informationsveranstaltungen, Ausstellungen und Sportwettkämpfen bieten. Der im Jahr 1988 gegründete Australian Shepherd Club Deutschland e. V. (ASCD) ist der älteste deutsche Verein, der dem ASCA direkt angeschlossen ist. Der ASCD bietet regelmäßig die Möglichkeit, seinen Aussie auf Ausstellungen, bei Obedience, Rally Obedience und Agility-Veranstaltungen unter bekannten amerikanischen und mittlerweile auch deutschen Richtern vorzustellen.
Neben dem ASCD e.V. gibt es in Deutschland noch die Möglichkeit, an Veranstaltungen der WEWASC, des ASCCG und der ASVA teilzunehmen. All diese Verbände gehören dem Hauptverband ASCA an. Dem VDH angeschlossen und damit der erste zuchtbuchführende Verein unter einem deutschen Dachverband wurde 2007 der Club für Australian Shepherd e. V. (CASD).

*Auch beim Sport aufmerksam, ausdauernd und immer mit dem Blick bei seinem Besitzer.*

# SO SIND AUSTRALIAN SHEPHERDS

Das Idealbild eines Hundes, im Hinblick auf die äußere Erscheinung und das Wesen, ist im Rassestandard festgehalten. Die Standards dienen der Erhaltung eines einheitlichen Rassebildes. Während sich zum äußeren Erscheinungsbild viele konkrete Richtlinien finden lassen, kommen die Verhaltensmerkmale in allen Standards relativ kurz. Der ASCA-Rassestandard definiert das Wesen des Aussies so:

*Kraft, Ausdauer und Beweglichkeit zeichnen den Aussie aus.*

„Er ist aufmerksam und lebhaft, zeigt Kraft und Ausdauer, kombiniert mit außergewöhnlicher Beweglichkeit. Der Australian Shepherd ist intelligent, in erster Linie ein Arbeitshund mit starkem Hüte- und Schutztrieb. Er ist vielseitig, leicht zu trainieren und erfüllt die ihm gestellten Aufgaben mit großem Stil und Enthusiasmus. Er ist Fremden gegenüber reserviert, zeigt jedoch keine Scheu."
Diese Beschreibung formuliert das Idealverhalten eines Aussies. Die Realität zeigt jedoch, dass sich bei Aussies eine ganze Bandbreite an verschiedenen und mitunter schwierigen Persönlichkeiten zeigen kann. Ein Blick in die Geschichte und auf den ursprünglichen Verwendungszweck hilft nicht immer, um die Eigenschaften einer Rasse zu erklären. Betrachten wir deswegen die aufgeführten Wesensmerkmale des Aussies einmal genauer.

## DIE WESENSMERKMALE

### AUFMERKSAM UND LEBHAFT

Wie auch viele andere Hütehunde, reagiert der Aussie auf Bewegungen in seinem Umfeld. Bewegung, egal ob von Tieren oder Menschen ausgehend, kündigt immer an, dass demnächst etwas passieren wird. Anders als andere Hunderassen ist der Aussie leicht aktivierbar, was dazu führt, dass er auch während seiner Ruhe- und Liegephasen auf Bewegungen und Aktionen in seinem Umfeld reagiert. Der Aussie ist nicht nur reiner Beobachter, sondern fühlt sich schnell angesprochen und erwartet Interaktionen von seinen Menschen.

*Auf die Signale des Schäfers zu achten sowie diese umzusetzen, muss gelernt werden.*

## INTELLIGENT

Intelligenz bedeutet nicht, dass der Aussie auf wundersame Weise die Regeln der Menschen erlernt und diese tadellos befolgt. Intelligenz bedeutet in diesem Zusammenhang, dass der Aussie sehr schnell lernt. Aufgrund seiner raschen Auffassungsgabe lernt er mühelos, sich so zu verhalten, dass seine Bedürfnisse befriedigt werden. Die Schattenseite eines klugen Hundes ist, dass er ebenso schnell auf inkonsequentes Verhalten seines Besitzers reagieren kann. Ein Aussie deckt nahezu jede Lücke im Regelwerk seiner Menschen auf und findet heraus, wie er Verbote am sichersten umgehen kann. Ein Aussie will und weiß von seinen Fähigkeiten zu profitieren. Im günstigsten Fall nutzt er sie mit seinem Menschen, im schlechtesten Fall nutzt er sie gegen ihn.

## KRAFT UND AUSDAUER

Ursprünglich dazu gezüchtet, jeden Tag am Vieh zu arbeiten, ist der Aussie rein körperlich natürlich auch in der Lage, dies zu tun. Jedoch bedeutet es nicht, dass er das auch unentwegt tun muss. Kein Farmer braucht seinen Hund 24 Stunden am Tag zum Arbeiten an der Herde. Der Aussie ist ein Arbeitshund, der gemäß seiner Anlagen geistig und körperlich gefordert werden will, aber ebenso Ruhe- und Entspannungsphasen benötigt. Dem Aussie eine sinnige und anspruchsvolle Beschäftigung bieten zu können, gehört genauso wie das Vermitteln von Nichtstun zu den Aufgaben des Aussiebesitzers.

## STARKER HÜTETRIEB

Hütehunde können zuverlässig und rasch auf Bewegungen innerhalb der Herde reagieren und lernen mühelos, auf die Signale des Schäfers zu achten sowie diese umzusetzen. Dazu müssen sie aufmerksam und schnell sein, eigenständig arbeiten und sich trotzdem gezielt führen lassen. So schnell, wie sie reagieren können, müssen sie sich auch wieder beruhigen. Diese essenziellen Fähigkeiten eines Hütehundes lassen sich auch heute noch – in einer etwas schwächeren Form – bei den Aussies finden. So fixieren Aussies häufig bewegte Objekte mit ihren Blicken, lassen jedoch auch ohne Zutun des Menschen wieder davon ab.

## JAGDVERHALTEN VERSUS HÜTEVERHALTEN

| JAGEN BEIM HUND | HÜTEN BEIM HUND |
|---|---|
| — Aufspüren | — Anschleichen |
| — Mit den Augen fixieren | — Mit den Augen fixieren |
| — Lauern und Anschleichen | — Belauern |
| — Hetzen | — Umrunden und Treiben |
| — Angreifen | — Zwicken und Kneifen |
| — Packen und Töten | |

Hüte- und Jagdtrieb liegen sehr dicht beieinander und unterscheiden sich letztendlich nur in der Endhandlung des Packens und Tötens, weshalb die Aussage: „Ein Australian Shepherd jagt nicht", nicht ganz korrekt ist. Viele Aussies hetzen Wild und können zu Jägern werden. Der Aussie als schneller Lerner kann durch die hohe Selbstbelohnung des Jagens zügig negative Verhaltensmuster abspeichern. Hier ist die Kreativität und Konsequenz des Halters gefragt, dass sich die ursprünglichen Fähigkeiten nicht negativ, sondern positiv auf das gemeinsame Zusammenleben auswirken.

### STARKER SCHUTZTRIEB

Wie im Rassestandard beschrieben, verfügen viele Aussies über einen nicht zu unterschätzenden Schutztrieb. Aussies können also hervorragende Wachhunde sein, eine Eigenschaft, die in der heutigen Gesellschaft kaum noch benötigt wird und häufig auf Unverständnis stößt. Die Ausprägung dieses Merkmals reicht vom sanften Bellen und Ankündigen des Unbekannten bis hin zum Stellen von Fremden. Wie stark ausgeprägt dieser Schutztrieb ist, hängt von vielen verschiedenen Faktoren ab. Einen Teil erbt der Welpe, einen weiteren Grundstein legt der Züchter bei der Sozialisierung der Welpen und einen weiteren Teil gibt die Erziehung des Besitzers dazu. Gerade in Bezug auf diese Charaktereigenschaft ist somit Verständnis für die Rasse, Einfühlungsvermögen und Konsequenz des Besitzers vonnöten.

### FREMDEN GEGENÜBER RESERVIERT

Wie die gesamte Spezies Hund reagiert auch der Aussie auf Dinge oder Menschen, die ihm fremd sind. Der Australian Shepherd neigt nur mehr zu territorialem Verhalten als manch andere Hunderasse. Das heißt, er

*Der vielseitig einsetzbare Aussie kann ein wunderbarer Reitbegleithund sein.*

reagiert in dem für ihn gewohnten und bekannten Umfeld stärker auf alles, was ihm fremd ist. Die Reaktion darauf kann lautstarkes Bellen sein, aber auch Abwehrverhalten. Hier liegt es wieder am Besitzer, dieses Verhalten in positive Bahnen zu lenken und möglichst optimale Situationen für den Hund zu schaffen, damit er lernt, dass von Fremden keine Bedrohung ausgeht. Die Ausdruckssignale des Hundes sollten dabei unbedingt beachtet werden, damit er nicht gezwungen wird, in einer für ihn bedrohlichen Situation zu bleiben, denn dann könnte sich aus dem anfänglichen Angst- und Meideverhalten des Junghundes schnell Aggressionsverhalten entwickeln. Auch hier ist wieder der Besitzer gefragt, dass sich aus der grundsätzlich freundlichen Hunderasse Australian Shepherd kein aggressiver Rassevertreter entwickelt.

### VIELSEITIG UND LEICHT ZU TRAINIEREN

Der Aussie ist ausgesprochen vielseitig einsetzbar und seine schnelle Lernfähigkeit lässt sich bei allen ihm gestellten Aufgaben hervorragend nutzen. Ein Grund, warum der Australian Shepherd ein so wunderbarer Hund ist. Aber genau das könnte der Rasse zum Verhängnis werden, die gerade zum Modehund avanciert.

Der Aussie braucht den richtigen Besitzer an seiner Seite, der ihn mit viel Liebe, Konsequenz und einem für den Hund kalkulierbaren Führungsstil erzieht. Dann wird der Aussie auch seinen sogenannten „will to please" zeigen (der Wille, dem Menschen zu gefallen, oder auch der Wille zur Zusammenarbeit mit dem Menschen) und mit Arbeitseifer und Ausdauer die ihm gestellten Aufgaben erfüllen. Bei den gestellten Aufgaben ist es fast egal, ob es sich um Tricks, Agility, Obedience, Flyball, Reitbegleithund, Hüten von Nutzvieh, Rettungs- oder Suchaufgaben handelt. Der Aussie wird entsprechend seiner Charaktereigenschaften fragen: „Was darf ich für dich tun?"

## DAS ERSCHEINUNGS-BILD NACH ASCA-STANDARD

### DER KOPF

Der Kopf des Aussies ist klar definiert, kräftig sowie in Proportion zum Körper. Der Oberkopf ist flach bis leicht gewölbt, seine Länge und Breite sind gleich der Länge der Schnauze. Die Schnauze ist mittelmäßig breit und tief und verjüngt sich allmählich zu einer gerundeten Nasenspitze, ohne dass man einen schweren oder spitzen Fang erkennen kann. Die Lippen sind eng anliegend und reichen bis zur Mundlinie. Die Oberlinien von Fang und Oberkopf erscheinen nahezu parallel. Der Stopp (Übergang von Stirn zu Schnauze) ist mäßig, aber klar definiert.

*Aufmerksame Augen in einem klar definierten und wohlproportionierten Kopf, so wünscht es der Standard.*

### DIE ZÄHNE

Der Aussie hat ein vollständiges Scherengebiss mit gesunden weißen Zähnen. Ein Zangengebiss ist ein Fehler. Abgebrochene Zähne oder aufgrund eines Unfalls fehlende Zähne werden nicht als Fehler gewertet. Alle anderen fehlenden Zähne sollten in dem Maße, wie sie von einem vollen Gebiss mit 42 Zähnen abweichen, als Fehler gewertet werden. Disqualifizierende Fehler sind Unterbiss, Überbiss und Kreuzbiss.

### DIE AUGEN

Die Augen des Australian Shepherds sind ausdrucksstark, zeigen Aufmerksamkeit und Intelligenz. Sie sind klar, mandelförmig, von mittlerer Größe und ein wenig schräg angesetzt, weder vorstehend noch eingefallen. Die Pupillen sind dunkel, scharf abgegrenzt und perfekt positioniert. Die Farben der Augen sind braun, blau und bernsteinfarben oder aber eine Variation beziehungsweise Kombination einschließlich Flecken und Marmorierung. Alle Augenfarben sind in Kombination mit jeder Fellfarbe akzeptabel. Fehler sind jede Abweichung von mandelförmigen Augen.

### DIE OHREN

Die Aussieohren sind hoch an der Seite des Kopfes angesetzt. Die Ohren sind dreieckig, leicht gerundet an der Spitze und von mittlerer Größe und korrekter Länge. Die Ohren haben die korrekte Länge, wenn man die Spitze des Ohres an die innere Ecke des nahe liegenden Auges führen kann. Die Ohren sollten sich bei voller Aufmerksamkeit am Ansatz etwas anheben und bei ¼ bis ½ von der Ohrbasis aus nach vorn oder zur Seite umschlagen. Schwere Fehler sind Stehohren, zu große Ohren und Hängeohren.

### HALS UND KÖRPER

Der Hals ist fest, klar und in Proportion zum Körper. Er ist von mittlerer Länge, leicht gewölbt und gut in die Schulter eingesetzt. Der Körper ist fest und muskulös. Der Rücken erscheint waagerecht bei einer natürlichen viereckigen Haltung. Die Bauchlinie steigt mäßig von vorn nach hinten an. Die Brust ist tief und fest, mit gut gewölbten Rippen. Von oben betrachtet ist die Lende stark und breit. Die Kruppe ist mäßig abfallend. Die Rute ist gerade, nicht länger als 10 cm (4 inches), eine natürliche Stummelrute oder kupiert (in Deutschland ist seit 1998 das Kupieren von Ruten verboten, weswegen der Aussie mit seiner naturbelassenen, meist langen Rute vorzufinden ist).

### VORDERHAND

Die Schultern sind eng am Körper angesetzt und stehen in einem Winkel von 45 Grad zum Boden. Der Oberarm und das Schulterblatt sind gut bemuskelt. Die Vorderbeine sind gerade und kräftig, senkrecht zum Boden, mit mäßig breiten Knochen. Der Abstand zwischen Boden und Ellenbogen entspricht dem Abstand zwischen Ellenbogen und Widerrist. Die Fesseln sind kurz, dick und stark, aber dennoch flexibel und zeigen einen leichten Winkel von der Seite betrachtet.

### HINTERHAND

Die Breite der Hinterhand ist annähernd gleich der Breite der Vorderhand zwischen den Schultern. Die Winkelung zwischen Becken und Oberschenkel entspricht der Winkelung zwischen Schulterblatt und Oberarm. Ober- und Unterschenkel sind gut bemuskelt. Die Kniegelenke sind klar definiert, die Sprunggelenke mäßig gebogen. Die Hintermittelfußknochen sind kurz, senkrecht zum Boden und parallel zueinander, wenn man sie von hinten betrachtet.

### DIE PFOTEN

Alle Pfoten sind oval geformt, kompakt, mit eng verbundenen und gut gewölbten Zehen. Die Ballen sind dick und elastisch, die Krallen hingegen sind kurz und kräftig. Die Wolfskrallen an der Vorhand können entfernt werden, die Wolfskrallen an der Hinterhand

*Um seinen jungen Hund später beurteilen zu lassen, sollte man früh das Kommando „Steh" trainieren.*

müssen entfernt werden nach ASCA-Standard. In Deutschland ist auch das Entfernen von Wolfskrallen seit 1998 verboten. Die Entfernung der Wolfskrallen darf nur erfolgen, wenn eine tierärztliche Indikation geboten ist, denn nur in gewissen Ausnahmefällen erlaubt das deutsche Tierschutzgesetz die Amputation von Körperteilen.

## DAS FELL

Das Fell ist von mittlerer Länge und Beschaffenheit, glatt bis leicht gewellt und witterungsbeständig, mit einer Unterwolle, die mit dem Klima variieren kann. Am Kopf, an der Außenseite der Ohren, der Vorderseite der Vorderbeine und unterhalb der Sprunggelenke ist das Fell glatt und kurz. Die Rückseite der Vorderbeine ist mäßig befedert und die Hosen sind mittelvoll behangen. Die Mähne ist mäßig, bei Rüden ist sie stärker ausgeprägt als bei Hündinnen. Der Australian Shepherd ist ein Arbeitshund und soll mit natürlichem Fell ausgestellt werden. Schwere Fehler sind untypische Fellbeschaffenheit wie extrem lang, übermäßig gewellt oder gelockt.

## DIE FARBEN

Alle Farben sind kräftig, klar und satt. Die anerkannten Farben sind blue merle, red merle, einfarbig schwarz oder einfarbig rot. Alle Farben können mit oder ohne weiße und/oder kupferfarbene Abzeichen sein, ohne Vorzug der Reihenfolge.
Die einfarbig schwarzen Hunde und Blue merles haben schwarz pigmentierte Nasen, Lippen und Augenumrandungen. Die Red merles und einfarbig roten Hunde haben leberfarbene Nasen, Lippen und Augenumrandungen.
Teilweise unpigmentierte Nasen (Butterfly Nose) sind bei Hunden unter einem Jahr nicht als Fehler zu werten.
Bei allen Farben sind die Bereiche um die Augen und Ohren überwiegend von anderen Farben als Weiß beherrscht. Die Haarlinie des weißen Kragens darf nicht weiter als bis zum Widerrist reichen.
Disqualifizierende Fehler sind andere als die anerkannten Farben, weiße Flecken am Körper und komplett unpigmentierte Nasen (Dudley Nose).

# DIE FARBEN

## — *beim Australian Shepherd*

Der Australian Shepherd wird gerne auch als „bunter Hund" bezeichnet, weil seine Farben und Zeichnungen sehr vielfältig sind. Es existieren jedoch nur zwei Grundfarben – Schwarz und Rot – die mit oder ohne Abzeichen und/oder aufgehellt möglich sind. Durch die Merle-Zeichnungen und verschiedenen Abzeichen sind bis zu 16 Farbvarianten möglich.

*01 Blue merle w*

*02 Blue merle w/c*

*03 Red merle w*

*04 Red merle w/c*

*01*

*02*

| | |
|---|---|
| Black | Grundfarbe schwarz |
| Red | Grundfarbe rot |
| Solid | einfarbig ohne Abzeichen |
| Bi | Grundfarbe + eine Abzeichenfarbe |
| W | weiße Abzeichen |
| C | kupferfarbene Abzeichen |
| Tri | weiße und kupferfarbene Abzeichen |

*03*

*04*

05

06

07

08

09

*05 Black tri*

*06 Red tri*

*07 Black bi*

*08 Solid red*

*09 Solid Black*

### DER GANG

Der Gang des Aussies ist geschmeidig, leicht und frei. Der Gang zeigt Behändigkeit in der Bewegung mit einem ausgewogenen, natürlichen Schritt. Bei zunehmender Geschwindigkeit nähern sich die Vorder- und Hinterpfoten gleichmäßig der Schwerpunktlinie des Körpers, während der Rücken fest und gerade bleibt.
Von der Seite betrachtet ist der Trab mühelos und zeigt Leichtigkeit in der Bewegung statt einer harten Antriebswirkung. Übertriebene Reichweite und Drang sind im Trab nicht erwünscht. Gangfehler werden je Grad der Abweichung vom Ideal gewertet.

### DIE GRÖSSE

Die bevorzugte Widerristhöhe für Rüden ist 51 – 58 cm (20 – 23 inches). Für Hündinnen liegt sie bei 45 – 53 cm (18 – 21 inches). Die Qualität eines Hundes sollte nicht der Größe geopfert werden.

### ANDERE DISQUALIFIZIERENDE FEHLER

Als weitere Fehler werden Monorchismus (Einhodigkeit) und Kryptorchismus (unvollständiger Hodenabstieg) gewertet.

*Die Bewegungen des Australian Shepherds sind geschmeidig, leicht und frei.*

## RASSESTANDARDS IM VERGLEICH

Der ASCA-Standard und der FCI-Standard (hintere Umschlagklappe) sind weitgehend gleich. Hier die wesentlichen Unterschiede. Bei den Merlehunden erlaubt der FCI kleine rosa Flecken auf der Nase, wenn diese nicht mehr als 25 % des Nasenschwamms einnehmen. Das Zangengebiss (die Schneidezähne des Oberkiefers treffen exakt auf die Schneidezähne des Unterkiefers) wird vom ASCA nicht toleriert, im Standard der FCI ist es erlaubt. Während im Standard des ASCA der sogenannte NBT (natürliche Stummelrute) neben den kupierten Ruten die einzige Möglichkeit darstellt, räumt die FCI in ihrem Standard die naturbelassene Rutenlänge mit ein. Obwohl die Rutenlänge im Standard als NBT oder kupiert verankert ist, wird die lange Rute auf Shows des ASCA in Deutschland nicht als Fehler gewertet.
In Bezug auf das Gangwerk führt die FCI ihre Idealvorstellungen etwas weiter aus als der ASCA. So heißt es dort: „Der Australian Shepherd muß flink und fähig sein, augenblicklich einen Richtungswechsel vorzunehmen oder eine andere Gangart einzuschlagen."
Die FCI disqualifiziert Aussies, die physische Abnormalitäten oder Verhaltensstörungen aufweisen. Dazu zählen beispielsweise Aggressivität oder starke Ängstlichkeit. Der ASCA geht darauf im Rassestandard nicht weiter ein.
Auch bei den Farben, speziell bei der Ausbreitung der Farbe Weiß, wird die FCI etwas präziser als der ASCA. Im FCI-Standard ist das Weiß am Hals, an der Brust, an den Läufen, an der Unterseite des Fangs, als Blesse am Kopf und als weiße Unterseite erlaubt. Die weiße Unterseite darf sich von einer horizontalen Linie des Ellenbogen gemessen bis zu einer Länge von 10 cm ausdehnen. Oberhalb dieser Linie werden in beiden Standards weiße Flecken am Körper nicht toleriert und als Fehler gewertet. Dies gilt für alle Farben.

*Kein Aussie gleicht dem anderen. Die zahlreichen Farbkombinationen machen jeden zu etwas Besonderem.*

## DAS WEISS BEIM AUSSIE

Zu viel der Farbe Weiß ist beim Australian Shepherd unerwünscht, mitunter sogar gefährlich für die Gesundheit und kann die vielfältigsten genetischen Ursachen haben. Zum einen kann das Weiß aus einer Merle x Merle-Verpaarung hervorgehen. Ohne einen langen Exkurs in die Genetik zu machen, muss man wissen, dass ein Hund mit einem Merle-Gen in seiner Grundfarbe aufgehellt ist. Dadurch entstehen die besonderen Farben und Sprenkelungen. Der Träger eines Merle-Gens hat keine gesundheitlichen Nachteile. Liegt das Merle-Gen in einem Hund doppelt, also homozygot vor, dann kann es bei diesem Hund zu schweren Pigmentstörungen (sie erscheinen weiß), Anomalien des Skeletts, Herzens und Reproduktionstrakts sowie Taub- und Blindheit führen. Bei einem Wurf aus einer Merle x Merle-Verpaarung sind durchschnittlich 25 % der Welpen davon betroffen. Weiterhin können einige betroffene Welpen bereits im Mutterleib sterben. Aus diesen Gründen sind Merle x Merle-Verpaarungen in Deutschland verboten. Sie fallen unter den Qualzuchtparagrafen. Andere Genkombinationen, die für das Weiß verantwortlich sind, können weitere Erscheinungsbilder des Aussies hervorbringen, wobei diese nicht zwangsläufig in Zusammenhang mit den oben aufgeführten gesundheitlichen Risiken stehen.

Das „Pattern White“ ist eine Fehlfarbe. Hunde mit diesem Gen haben mehr Weiß, als sie sollten. Meist sieht man es als unregelmäßige Flecken am Körper. Aber auch halb weiße oder ganz weiße Köpfe sind möglich. In seltenen Fällen können diese Hunde auch ganz weiß sein, in diesem Fall spricht man von „Extrem Pattern White“.

Bei dubiosen Züchtern, die mit der seltenen Farbe Weiß werben, ist Vorsicht geboten. Nicht selten stammen diese Welpen aus einer Merle x Merle-Verpaarung und die vermeintlichen Züchter klären nicht über den Gesundheitszustand und die entsprechenden Risiken auf.

# WILLKOMMEN DAHEIM

## — *Auswahl und Eingewöhnung*

# ÜBERLEGUNGEN VORAB

**Der Aussie belegt bei verschiedenen Erhebungen der beliebtesten Hunderassen vordere Plätze. Bis 2012 war er noch nicht einmal unter den Top 10 zu finden, heute konkurriert er mit dem Labrador und Golden Retriever um die vorderen Ränge.**

## EIN HUND MIT ANSPRÜCHEN

Ein Hauptgrund für die steigende Popularität der anspruchsvollen Hütehundrasse könnte sein wunderschönes Äußeres sein. Den Australian Shepherd gibt es in allen Farben, er ist von moderater Größe und es gibt letztendlich nichts, was er nicht lernen könnte. Ein Hund für alle Lebenslagen also? Die große Beliebtheit des Aussies hat auch Schattenseiten. Immer dort, wo eine große Nachfrage herrscht, sprießen schwarze Schafe wie Pilze aus dem Boden, die lediglich einen schnellen Euro verdienen wollen und nicht über die notwendige Sachkenntnis verfügen, eine Hunderasse zu züchten. Beim Aussie gilt somit auch: „Augen auf beim Welpenkauf!" Seinen Hund sollte man daher nur aus einer seriösen Zucht übernehmen.

## ÜBERLEGUNGEN VOR DEM KAUF

Bei der Entscheidung für einen Australian Shepherd sollte man sich nie nur vom schönen Äußeren leiten lassen, immerhin trifft man eine Entscheidung für die nächsten 15 Jahre. Der Aussie kann in den richtigen Händen ein wundervoller Begleiter sein, jedoch nur dann, wenn der Besitzer sich auf all seine Besonderheiten und Fähigkeiten mit Haut und Haaren einlassen will. Die Frage, ob der Australian Shepherd der richtige Hund für Sie ist, sollten Sie sich ehrlich, durch Gespräche mit Aussiebesitzern, Züchtern, Verbänden und durch einschlägige Fachliteratur beantworten. Die Entscheidung für einen Hund sollte niemals spontan, sondern nur nach sorgfältiger Überlegung und Planung erfolgen. Schließlich wollen Sie Ihrem zukünftigen Familienmitglied ein Zuhause bieten, in dem es sich gut entwickeln und wohlfühlen kann.

*Es lohnt sich, eine vertrauensvolle Beziehung zu fördern.*

Vor der Anschaffung eines Australian Shepherds sollten Sie sich bewusst machen, dass Sie die Verantwortung für ein Lebewesen übernehmen, das sich voll und ganz auf Sie verlässt und von Ihnen abhängig ist. Deshalb sollte man folgende Fragen vor dem Kauf eines jeden Hundes beantworten können.

### Sind alle Familienmitglieder mit dem Kauf eines Aussies einverstanden?

Der Aussie lebt in seiner Familie, und nichts wäre schlimmer für ihn, als von einem oder mehreren Mitgliedern der Familie verstoßen zu werden, weil er eigentlich nicht gewünscht war. Sprechen Sie in Ruhe mit Ihrer Familie und machen Sie sich klar, ob ein Aussie Ihre Lebensgewohnheiten angenehm bereichern würde. Bedenken Sie dabei immer, dass Sie auf Ihre Familie angewiesen sein werden, egal ob es sich um tägliche Spaziergänge, den Besuch beim Tierarzt, die Erziehung oder auch den gemeinsamen Urlaub handelt. Zur Familie gehören jedoch nicht nur die Menschen, sondern gegebenenfalls auch Ihre anderen Haustiere. Sie sollten sicher sein, dass auch Ihre Katzen, Kaninchen, Pferde usw. gut mit dem neuen Familienzuwachs zurechtkommen würden.

### Gibt es in der Familie eine Allergie gegen Tierhaare?

Ein häufiger Abgabegrund für Aussies ist eine vorher nicht bekannte Tierhaarallergie. Bitte vermeiden Sie es, dem Hund diesen Trennungsschmerz zuzufügen, und lassen Sie sich vor der Anschaffung eines Hundes auf diese Allergie testen. Anders als der Name es vermuten lässt, reagieren die Betroffenen meist nicht auf die Haare selbst, sondern auf Substanzen, die an den Haaren haften, wie Speichel oder Hautschuppen. Wenn Sie also nach dem Kontakt mit Hunden oder auch beim Aufenthalt in einem Hundehaushalt Symptome verspüren (Jucken der Nase, gerötete und juckende Augen oder sogar einen juckenden, geröteten Ausschlag auf der Haut), dann sollten Sie so lange auf die Anschaffung eines Aussies verzichten, bis durch einen ärztlichen Test eine Allergie ausgeschlossen werden kann.

*Die Entscheidung für einen Hund sollte nie spontan, sondern wohl überlegt sein.*

### Sind meine Wohnverhältnisse bereit für einen Aussie?

Wenn Sie zur Miete wohnen, sollte als Allererstes geklärt werden, ob Ihr Vermieter eine Hundehaltung erlaubt. Die häufig diskutierte Entscheidung des Bundesgerichtshofes vom März 2013 erlaubt nicht grundsätzlich das Halten von Hunden. Vielmehr entscheidet nun der Einzelfall, ob eine Tierhaltung erlaubt ist. Sprechen Sie deswegen mit Ihrem Vermieter und auch Ihren Nachbarn, damit es nicht nachträglich zu Problemen kommt. Ebenso sollten Sie sich im Vorfeld informieren, ob es Auslaufmöglichkeiten in Ihrer näheren Umgebung gibt oder ob Sie bereit sind, einige Kilometer zu fahren, um mit Ihrem Vierbeiner schöne Spaziergänge unternehmen zu können.
Ein nicht zu unterschätzender Faktor ist der Schmutz, den ein Aussie in Ihr Heim tragen kann. Auch wenn das Fell grundsätzlich pflegeleicht ist, bringt Ihr hündischer Partner gerade während des Fellwechsels einen nicht unerheblichen Anteil an losen Haaren mit, die an Ihren Möbeln und Ihrer Kleidung haften werden. Sind Sie bereit, damit zu leben und Ihre Wohnung gegebenenfalls häufiger zu reinigen, wenn Sie von einem regnerischen Spaziergang nach Hause kommen? Denn Ihr Aussie möchte bei jedem Wetter mit Ihnen draußen sein.

### Kann ich mir einen Aussie leisten?

Die Anschaffungskosten eines Aussies von 1000 € bis 1500 € sind der kleinste Anteil, den Sie bei den Kosten bedenken müssen. Vielmehr sollten Sie sich sicher sein, dass Sie die regelmäßigen Kosten tragen können. Sie werden Ihren Vierbeiner regelmäßig impfen, entwurmen und vor Zecken schützen müssen. Sie werden eine Haftpflichtversicherung abschließen und Hundesteuern zahlen müssen. Sie werden täglich Futter sowie in unregelmäßigen Abständen Leckerchen und Snacks kaufen. Sie werden für sich und Ihren Aussie Equipment brauchen – von Halsband und Leine zu Gummistiefeln und Outdoorjacken. Sie sollten eventuell auch Kosten für Welpenstunden, Hundesportvereine oder Verbände einplanen. Ist Ihr Grundstück Aussie-sicher eingezäunt? Wenn nicht, warten auch dort weitere Kosten auf Sie. Haben Sie außerdem finanzielle Rücklagen, um Ihrem Hund auch im Krankheitsfall eine angemessene Betreuung zu bieten, oder sind Sie in der Lage, eine Krankenversicherung für Ihren Hund abzuschließen? Wenn Sie Ihren Aussie einmal nicht mit in den Urlaub nehmen können, können Sie sich dann einen Hundesitter oder eine Tierpension leisten? Von zerkauten Schuhen und angefressenen Möbeln sehen wir in diesem Falle sogar noch ab. Die regelmäßigen Kosten für einen Aussie variieren natürlich erheblich,

*Alle Rahmenbedingungen sollten geklärt sein, bevor Sie Ihren Schützling nach Hause holen.*

je nach Bezugsquellen und Wohnort. Als durchschnittlichen Richtwert, den ein Aussie im Monat kostet, können Sie gut 100 € einplanen. Unvorhergesehene Ereignisse wie Krankheit, Unfall oder auch die Kosten für Turniere und Ausstellungen sind darin jedoch noch nicht enthalten.

### Habe ich genügend Zeit für einen Aussie?

Sind die Grundfragen geklärt, kommt die wichtigste Frage nach Ihren persönlichen Verhältnissen. Haben Sie genügend Zeit, sich die nächsten 15 Jahre um ein Lebewesen zu kümmern? Vor der Anschaffung Ihres Aussies sollte Ihnen klar sein, dass Hundehaltung einen enormen Zeitaufwand bedeutet. Ihr Aussie muss jeden Tag mindestens vier Mal raus. Zum einen, um sein Geschäft zu verrichten, zum anderen, um sich zu bewegen. Diese Gassirunden müssen Sie in Ihren Alltag wie das Zähneputzen integrieren können. Dem Aussie ist es egal, ob draußen 25 Grad und Sonnenschein oder –10 Grad und Schneefall herrschen oder ob Sie gerade Ihr spannendes Buch zu Ende lesen wollen. Er muss auf jeden Fall raus. Selbst wenn wir durchschnittlich nur von einer 30-minütigen Gassirunde ausgehen, sind Sie pro Tag zwei Stunden mit Ihrem Hund unterwegs. In der Woche sind es 14 Stunden und im Jahr 730 Stunden.

Bei dieser Kalkulation ist die Zeit für Fütterung, Fellpflege, Beschäftigung im Haus, Tierarztbesuche, Hundeplatz und sportliche Veranstaltungen noch nicht eingeplant. Ebenso wichtig zu überlegen ist auch, was Sie tun, wenn Sie keine Zeit für den Hund haben. In einen Haushalt, in dem alle Familienmitglieder ganztags arbeiten, sollte kein Aussie einziehen, es sei denn, Sie können Ihren Hund mit zur Arbeit nehmen. Aussies brauchen ihr Rudel und es wäre eine Qual für sie, jeden Tag länger als fünf Stunden von ihren Menschen getrennt zu sein. Aussies binden sich eng an ihre Familie und wollen am liebsten überall dabei sein.

*Planen Sie genügend Zeit für Ausflüge ein.*

## WAS FÜR EIN AUSSIE SOLL ES SEIN?

Bei dieser Frage gibt es keine pauschalen Antworten. Die Beantwortung setzt sich aus vielen kleinen, vor allem persönlichen Vorlieben zusammen. Sie sollten sich darüber Gedanken machen, welche Eigenschaften Ihr Aussie mitbringen müsste. Suchen Sie eher einen Draufgänger oder einen sensiblen Schmuser? Planen Sie Hundesport mit Ihrem Aussie oder wollen Sie vorwiegend allein in der Natur unterwegs sein? Wollen Sie Ausstellungen besuchen oder interessieren Sie sich für die Hütearbeit am Vieh? All Ihre Wünsche notieren Sie sich am besten, bevor Sie die ersten Züchterbesuche starten. Ein seriöser Züchter wird Sie ganz sicher beraten, welche Eigenschaften in seinen einzelnen Welpen und in seiner Linie stecken. Auch wenn der Aussie ein wunderbar bunter Hund ist, sollten Sie sich bei der Entscheidung nicht von einer speziellen Farbe leiten lassen. Die Blue-merle-Hündin mit den blauen Augen

*Bei Ihrer Wahl sollten Sie sich weniger von der Optik und mehr vom Charakter beeinflussen lassen.*

passt vielleicht viel schlechter zu Ihren Lebensumständen, als der Black-tri-Rüde mit braunen Augen. Vertrauen Sie Ihrem Züchter, damit er gemeinsam mit Ihnen den passenden Welpen findet.

## HÜNDIN ODER RÜDE?

Diese Frage löst unter Hundebesitzern im Allgemeinen kontroverse Diskussionen aus. Häufig hört man, Hündinnen seien verschmuster, leichter zu erziehen und weniger auf Streitereien aus. Rüden sollen angeblich weniger anhänglich und imposanter sein oder mehr Konfliktpotenzial mit anderen Artgenossen haben. Seien Sie sich sicher, dass, egal welchen Aussie-Besitzer Sie nach seinem bevorzugten Geschlecht fragen, die Begründungen nicht unterschiedlicher ausfallen könnten. Es hängt immer davon ab, mit welchem Geschlecht derjenige welche Erfahrungen gesammelt hat. Die Vorurteile gegenüber den Geschlechtern lassen sich an einzelnen Individuen bestätigen und an anderen widerlegen. Verlassen Sie sich nicht auf diese Klischees.

Gesicherte Unterschiede zwischen Rüde und Hündin finden wir nur an ihren biologischen Geschlechtsmerkmalen und ihrem äußeren Erscheinungsbild. Ein Aussie-Rüde ist etwas kräftiger und größer als die Hündin. Auch weist er in den meisten Fällen mehr Behang und Kragen auf, was ihn insgesamt imposanter erscheinen lässt. Die Hündin ist etwas zierlicher und hat weniger Fell als der Rüde. Hündinnen werden außerdem etwa zweimal im Jahr läufig. Die erste Läufigkeit tritt meist zwischen dem achten bis zwölften Lebensmonat auf. Es kommt aber auch vor, dass die Hündin sich damit bis zum zweiten Lebensjahr Zeit lässt. Die durchschnittliche Läufigkeit dauert drei Wochen. In dieser Zeit ist besondere Vorsicht geboten, um einen ungewollten Deckakt zu vermeiden. Lassen Sie Ihre Hündin in dieser Phase angeleint und sorgen Sie dafür, dass Ihr Grundstück nicht von ungebetenen Rüden besucht wird.

*Ein älterer Aussie wird vermutlich seine Ecken und Kanten haben, aber alles daran setzen, Ihnen zu gefallen.*

Auch die Rüden reagieren unterschiedlich stark auf die Läufigkeiten von Hündinnen. Der eine Rüde wird liebestoll und jault seiner „Geliebten" hinterher, der andere Rüde möchte am liebsten stromern gehen und wieder andere behalten einen völlig kühlen Kopf. Es wird deutlich, dass die verschiedenen Verhaltensweisen nicht vom Geschlecht, sondern vielmehr von der Persönlichkeit und Erziehung des Aussies abhängig sind. Bei Ihrer Wahl für eine Hündin oder einen Rüden sollten Sie auf das Wesen des Hundes und eine gute Sozialisierung achten. Ihr Züchter wird Ihnen auch bei dieser Entscheidung eine große Hilfe sein.

## WELPE ODER ÄLTERER HUND?

Bei dieser Entscheidung sollten Sie sich genau überlegen, welche Vorteile für Sie persönlich überwiegen würden. Jede Altersgruppe hat unbestritten ihre Vor- und Nachteile. Welpen bedürfen sehr viel Zeit, Geduld und konsequenter Erziehung. Die meisten Welpen sind noch nicht stubenrein. Sie müssen damit rechnen, dass das ein oder andere Missgeschick auf Ihrem Lieblingsteppich passiert und Sie Ihren neuen Hausgenossen erst einmal dazu erziehen müssen, sein Geschäft draußen zu verrichten. Auch die Zeit des Zahnwechsels (beim Aussie zwischen dem 4. und 7. Lebensmonat) erfordert gute Nerven.

Aufwand ist, den Ihnen die Welpenerziehung definitiv bereiten wird.
Bei der Entscheidung für einen älteren Hund sollten Sie so viele Informationen wie möglich vom vorherigen Besitzer, dem Tierheim oder der Pflegestelle einholen. Nur dann können Sie wissen, ob dieser Aussie mit seinen Charaktereigenschaften und Besonderheiten zu Ihnen passen würde. Ältere Hunde sind in der Regel stubenrein und haben unter gewissen Umständen ihre Flegelphase bereits hinter sich. Auch bringen sie häufig schon Kenntnisse in den gängigen Grundkommandos mit. Sind sie jedoch nicht ausreichend sozialisiert worden oder haben schlechte Prägungen erfahren, werden Sie viel Geduld und Zeit brauchen, um sie bestmöglich in Ihr Lebensumfeld zu integrieren.
Ein älterer Aussie wird bereits seine Stärken und Schwächen haben, aber Sie sollten sich keine Sorgen machen, dass er sich nicht mehr bei Ihnen eingewöhnen wird. Die meisten Aussies werden auf ihre wundervolle Art und Weise alles daransetzen, um bei Ihnen bleiben zu dürfen. Wenn Sie unsicher dabei sind, herauszufinden, welcher Hund zu Ihnen passt, bitten Sie erfahrene Züchter, Trainer oder Angestellte des Tierheims um Hilfe und lassen sich beraten.

Gern werden die besten Lederschuhe und Stuhlbeine als Kauknochen missbraucht. Weiterhin hat der Welpe noch nicht gelernt, allein zu bleiben. Dafür müssen Sie viel Zeit und wahrscheinlich Urlaub einplanen. Gleichzeitig haben Sie mit einem Welpen aber auch die Chance, ihn auf seinem Weg zum erwachsenen Hund zu begleiten und ihn liebevoll an all das zu gewöhnen, was sein späteres Lebensumfeld ausmachen wird. Es macht wahnsinnig viel Spaß, mit einem Aussie-Welpen gemeinsam die Welt zu entdecken. Sie werden unweigerlich von seiner Lebensfreude, Lernbereitschaft und seinen „Späßchen" angesteckt, was eine gute Entschädigung für den

*Jedes Alter hat seine speziellen Vor- und Nachteile.*

# BIN ICH BEREIT *— für einen Aussie?*

*01*

## PASST EIN AUSSIE ZU UNS?

Der Aussie ist ein aktiver, intelligenter und lernbereiter Hund. Er fordert konsequente und kreative Besitzer, die Freude an der Beschäftigung mit ihm haben.

## HABEN SIE DAS VERSTÄNDNIS FÜR EINEN AUSSIE?

Ein Aussie lernt schnell. Er braucht einen Besitzer mit Einfühlungsvermögen, der ihm unmissverständlich klarmacht, was er von ihm möchte. Aussies sind häufig sensibel und können mit einer „harten Hand" schlecht umgehen. „Liebevoll und konsequent" sollten Ihre Devise lauten.

## SIND SIE BEREIT, MIT IHREM AUSSIE AKTIV ZU SEIN?

Dem Aussie reichen zwei tägliche Runden um den Block nicht, um ein zufriedenes Leben zu führen. Wie alle Hunde ist er ein Lauftier und möchte sich ausreichend bewegen können. Von eintönigen Aufgaben ist ein Aussie schnell gelangweilt. Bieten Sie ihm deswegen immer mal wieder neue Dinge an und seien Sie kreativ dabei. Der Aussie fühlt sich am wohlsten mit einer Aufgabe. Diese muss nicht zwingend das Hüten von Nutztieren oder Hundesport sein. Schauen Sie einfach, was Ihrem Aussie und Ihnen gefallen könnte. Eines möchte jedoch jeder Aussie: die meiste Zeit des Tages mit seinem Menschen verbringen.

## PASSEN AUSSIE UND KIND ZUSAMMEN?

Ein Aussie ist kein Spielzeug! Auch wenn die Rasse immer wieder als Familienhund und kinderlieb gepriesen wird, so wird auf die DNA kein Stempel „kinderlieb" gedrückt. Es liegt in der Verantwortung der Züchter, eine gute Grundlage zu schaffen, und an Ihnen, diese weiter auszubauen und zu festigen. Auch Ihre Kinder müssen den Umgang mit dem Hund lernen und verstehen, ihn als Individuum zu respektieren. Grundsätzlich gilt, dass Kleinst- und Kleinkinder niemals unbeaufsichtigt mit dem Hund sein sollten.

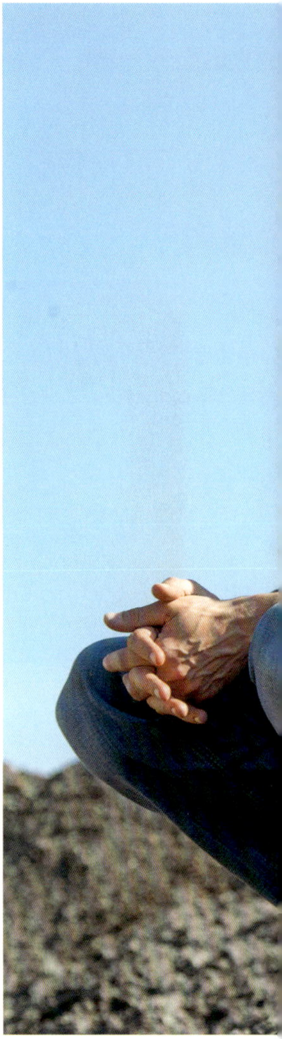

*02*

## DARF IHR AUSSIE MIT IN DEN URLAUB?

Der Aussie vergöttert seine Familie und möchte am liebsten überall dabei sein. Trennungen bedeuten Stress für ihn. Bei Ihrer Urlaubsplanung sollten Sie dies unbedingt berücksichtigen. Es gibt viele tolle Ferienziele, zu denen Sie Ihren Aussie mitnehmen und mit ihm gemeinsam die schönste Zeit des Jahres verbringen können.

*03*

*04*

*01 Liebevoll und konsequent erzogen, wird der Australian Shepherd zum perfekten Begleiter.*

*02 Bei gemeinsamen Aktivitäten mit seinem Menschen fühlt sich der Aussie richtig wohl.*

*03 Kinder sollten von Anfang an die Regeln im Umgang mit dem Hund lernen.*

*04 Auch im Urlaub möchte Ihr Aussie dabei sein.*

## DER PASSENDE ZÜCHTER

Nachdem Sie nun schon eine ganze Menge über die Rasse gelesen und sich Ihren geplanten Kauf gewissenhaft überlegt haben, kann die Suche nach dem Züchter beginnen. Wie eingangs schon erwähnt, sollten Sie sich klare Vorstellungen von Ihrem neuen Familienmitglied machen. Notieren Sie sich, welche Eigenschaften Ihr Aussie mitbringen sollte und wie Sie die gemeinsame Zukunft gestalten wollen. Auch ist es hilfreich, sein Lebensumfeld ganz ehrlich zu reflektieren. Fragen dazu wird Ihnen jeder verantwortungsvolle Züchter stellen, denn er möchte wissen, wie seine Welpen aufwachsen und leben werden und auch was Sie in der Zukunft mit ihm planen. Bei der Suche helfen Ihnen die Züchterlisten der Rassevereine (siehe „Nützliche Adressen“, Seite 123). Dort können Sie sich einen guten Überblick über das Angebot verschaffen. Suchen Sie den Züchter nicht ausschließlich nach der Nähe zu Ihrem Wohnort aus. So wohlüberlegt, wie Sie Ihre Entscheidung für einen Aussie getroffen haben, sollte die Entfernung nur ein untergeordnetes Kriterium darstellen. Auch sollten Sie Ihre Suche weniger nach einem speziellen Welpen, sondern vielmehr nach einem „speziellen Züchter“ ausrichten. Besuchen Sie dazu mehrere Züchter, die Ihnen zusagen. Lernen Sie die Züchter und ihre Hunde kennen, auch wenn diese zum Suchzeitpunkt noch keine Welpen haben.

*Die ersten Lebenswochen verbringen die Welpen ausschließlich mit Schlafen und Trinken.*

Gefallen Ihnen die Aufzuchtbedingungen sowie die Stimmung beim Züchter, dann lohnt es sich, auf den nächsten Wurf zu warten. Bedenken Sie immer, dass die Zeit des Welpen beim Züchter eine wichtige Bedeutung für seine Entwicklung haben wird. Die nachfolgende Übersicht soll Ihnen helfen, einen seriösen Züchter zu finden.

### DER ZÜCHTER

- sollte Ihnen ehrlich Vor- und auch Nachteile der Rasse erläutern können,
- erkundigt sich nach Ihren persönlichen Lebensumständen und berät Sie ehrlich, ob der Aussie im Allgemeinen oder einer seiner Welpen für Sie geeignet ist,
- möchte Sie persönlich kennenlernen,
- wird nicht versuchen, Ihnen einen Welpen aufzuschwatzen, oder Sie zu einer Kaufentscheidung drängen,
- wird einen Kaufvertrag mit Ihnen schließen, der Ihre Rechte und Pflichten sowie die des Züchters aufführt,
- hat auch nach dem Kauf für Fragen und Probleme ein offenes Ohr und bietet Ihnen ggf. Hilfe an.

### DIE ELTERNTIERE

- haben beide anerkannte Papiere (in Deutschland FCI/VDH/CASD oder ASCA),
- sind auf die rassetypischen Krankheiten von einem Facharzt untersucht und von einer anerkannten Prüfstelle ausgewertet worden,
- können mindestens folgende Auswertungen vorweisen, die beim Besuch für Sie einsehbar sind:
  - Auswertung HD (Hüftgelenkdysplasie)
  - Auswertung ED (Ellbogengelenkdysplasie)
  - eine Augenuntersuchung – nicht älter als 1 Jahr, von einem Mitglied des DOK oder von einem Fachtierarzt für Augenheilkunde
  - Testergebnis des MDR1-Status
- folgende Auswertungen bieten weitere Sicherheiten:
  - OCD (Osteochondrosis dissecans – Wachstumsstörung innerhalb des Knorpels)
  - HSF4 Gentest (Hereditärer Katarakt – Augenerkrankung)
  - CEA Gentest (Collie Eye Anomaly – Augenerkrankung)
  - PRA Gentest (Progressive Retina Atrophie – Augenerkrankung)

- Die Mutterhündin ist bei ihrem ersten Wurf mindestens zwei Jahre alt.
- Die Mutterhündin ist maximal neun Jahre alt und hat in ihrem Leben nicht mehr als fünf Würfe gehabt.
- Die Hündin wird nicht bei jeder Läufigkeit belegt, sondern hat genügend Zeit, sich von der Geburt und Aufzucht zu erholen (mindestens ein Jahr).
- Der Deckrüde ist bei seinem ersten Deckakt mindestens 18 Monate alt.

### DIE WELPEN

- dürfen von Ihnen, ebenso wie die Mutterhündin, in ihrem normalen Umfeld besucht werden,
- wohnen in einem sauberen Lebensumfeld,
- dürfen von Ihnen ab der dritten oder vierten Lebenswoche besucht werden, dabei machen diese einen neugierigen und aufgeschlossenen Eindruck,
- wachsen mit vollem Familienanschluss auf und werden bestmöglich sozialisiert und geprägt (Untergründe, Geräusche, verschiedene Menschen, andere Tiere),
- werden bis zum Ende der 7. Lebenswoche von einem Ophtalmologen auf vererbbare Augenkrankheiten untersucht (der Befundbogen wird Ihnen mitgegeben),
- werden nicht vor der 8. Woche abgegeben,
- sind nachweislich gechipt, geimpft und mehrfach entwurmt,
- werden Ihnen nicht als Schnäppchen oder Billigangebot aufgeschwatzt.

*Die sinnliche Auseinandersetzung mit der Umwelt des Welpen beginnt ab der dritten Lebenswoche.*

## BESUCH BEIM ZÜCHTER

Sie haben sich ausreichend Zeit für Ihre Recherche genommen und werden nun die ersten Züchter besuchen. Vereinbaren Sie dazu mit Ihren ausgewählten Züchtern einen Termin. Obwohl Ihre Freude auf das künftige Fellkind groß ist, haben Sie Verständnis dafür, dass viele Züchter Sie vor der 3. Lebenswoche der Welpen nicht empfangen werden. Das Immunsystem der Kleinen muss sich erst aufbauen. Achten Sie bei Ihrem Besuch darauf, dass Sie „frische" Kleidung tragen, mit der Sie nicht zuvor bei einem anderen Züchter oder auf dem Hundeplatz waren. Auch hat es sich bewährt, auf Accessoires zu verzichten. Lange Ketten, Ohrringe und Kapuzenbänder können schnell den kleinen Zähnchen und der Neugier zum Opfer fallen. Beim Spielen und Schmusen mit den Welpen brauchen Sie diese Dinge ohnehin nicht.

Während Sie die Welpen kennenlernen, fragen Sie den Züchter Löcher in den Bauch. Er wird all Ihre Fragen gern und gewissenhaft beantworten. Ebenso kann er Ihnen dabei einige Fragen stellen, um herauszufinden, welcher Welpe am besten für Sie geeignet sein wird. Wenn Sie die Möglichkeit haben, besuchen Sie die Welpen wieder. Am besten zu einer anderen Tageszeit, damit Sie die unterschiedlichen Verhaltensweisen der Welpen entdecken können. Diese können zu unterschiedlichen Uhrzeiten und auch, je nach Geschehnissen des Tages, ganz verschieden sein. Auf diese Art und Weise lernen Sie die Kleinen schon gut kennen und können durch Ihren Besuch erste prägende Kontakte zu Ihrem zukünftigen Welpen aufbauen. Gemeinsam mit Ihrem Züchter werden Sie nun schon bald eine Entscheidung treffen, welcher Welpe zu Ihnen ziehen darf.

Empfehlungen für künftige Wurm- oder Zeckenmittel zu holen.
Viele Züchter geben Ihren Welpenkäufern außerdem umfangreiche Welpenmappen mit. Diese beinhalten meist die Untersuchungsergebnisse des Welpen und seiner Eltern sowie Tipps und Hinweise für die ersten Tage im neuen Heim. Oftmals finden sich in diesen Mappen auch das Wiege- und Geburtsprotokoll und zahlreiche Fotos des Welpen. Lassen Sie sich überraschen, was Ihr Züchter für Sie bereithält.
Damit der kleine Aussie nach dem Stress und der Anstrengung, die so ein Umzug mit sich bringen wird, nicht auch noch eine Futterumstellung verkraften muss, wird Ihr Züchter Ihnen etwas von seinem gewohnten Futter mitgeben. Beachten Sie unbedingt die Fütterungs- und Dosierungshinweise, die Ihr Züchter Ihnen mit auf den Weg gibt, oder fragen explizit danach. Lassen Sie sich auch bei der Wahl der zukünftigen Futtersorten von Ihrem Züchter beraten. Er wird Ihre Fragen gern beantworten.

## DIE FORMALITÄTEN

Endlich ist es so weit und Sie können am vereinbarten Übernahmetag Ihren Welpen beim Züchter abholen. Bevor es auf ins neue Heim geht, müssen aber noch die Formalitäten erledigt werden. Von Ihrem Züchter bekommen Sie einen Kaufvertrag und die Papiere Ihres Welpen oder aber zumindest eine Kopie der Beantragung der Papiere mit. Ihr Züchter oder der Dachverband wird Ihnen die Papiere nach der Ausstellung unverzüglich nachsenden. Weiterhin wird Ihr Züchter Ihnen den Impf- und Wurmpass aushändigen. Die meisten Züchter geben außerdem einen Terminplan für die nachfolgenden Impfungen und Entwurmungen mit. Wenn Sie unsicher sein sollten, scheuen Sie sich nicht, Ihren Züchter nach allen Vorgehensweisen zu fragen und sich

*Die Hündin gibt ihren Welpen viel mit auf den Weg.*

# VORBEREITUNGEN ZU HAUSE

## SICHERHEITS-VORKEHRUNGEN

Es gibt einige Dinge, die noch vor der Abholung erledigt werden müssen. Zum Beispiel sollten ein paar Sicherheitsvorkehrungen getroffen werden, damit die Entdeckung der neuen Umgebung durch den kleinen Aussie nicht mit unangenehmen Überraschungen für Sie oder beide Seiten endet.
Legen Sie sich einmal auf den Boden und betrachten Sie Ihren Wohnbereich aus Welpenperspektive. Was fällt Ihnen auf, beziehungsweise was können Sie als Gefahr für den Welpen verorten? Entfernen Sie Stromkabel, die der Welpe erreichen könnte. Stellen Sie sicher, dass der Welpe an keine elektrischen Geräte herankommt oder gar Ihren Fernseher mit einem kräftigen Pfotenabdruck bedenkt. Kleinteile, giftige Zimmerpflanzen, Reinigungsmittel, Chemikalien sowie scharfe Gegenstände sollten aus dem Bodenbereich verbannt werden. Auch sollten Sie Ihre Wohnung auf „Schwanzwedelhöhe“ einmal genauer unter die Lupe nehmen. Ein langrutiger Aussie nutzt seine Rute liebend gern, um beispielsweise die Gläser vom Couchtisch zu wedeln. Alles, was Ihnen lieb und teuer ist, sollte auch aus diesem Bereich entfernt oder hochgestellt werden.
Kontrollieren Sie zusätzlich alle Treppenauf- und -abgänge. Diese können zur Falle für den neugierigen Welpen werden, wenn er versucht, hinauf- oder hinunterzuklettern. Eine Absperrung mittels Schutzgitter hält den kleinen Aussie davon ab, diese Bereiche zu erkunden. Wenn Sie über einen Garten verfügen, sollten Sie sich vergewissern, dass dieser welpentauglich ist. Überprüfen Sie den Zaun auf Schlupflöcher. Überall, wo der Kopf des Welpen durchpasst, passt auch der Rest des Körpers durch. Nicht, dass das kleine Fellkind jubelnd in der Geburtstagstorte vom Nachbarn sitzt und ohne Sie feiert. Ebenso

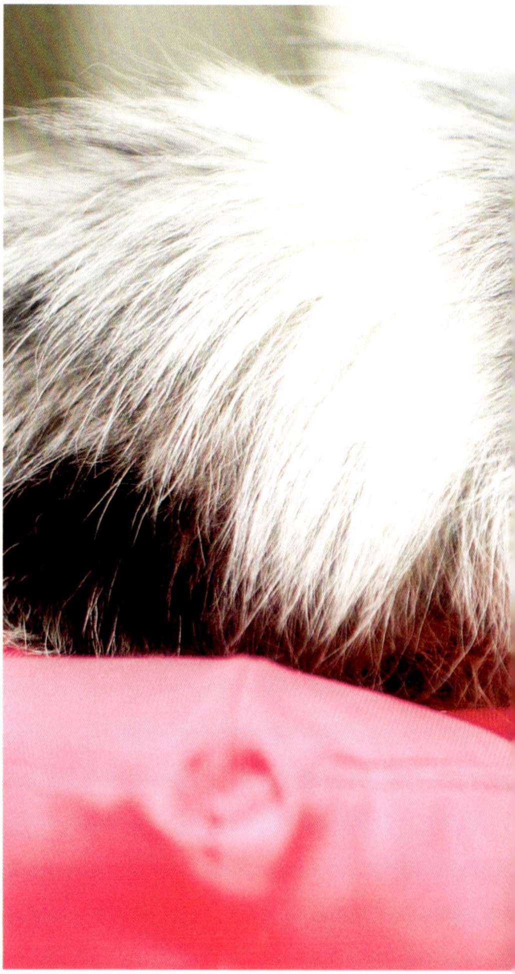

wichtig ist die Absicherung von Gartenteichen. Auch wenn Hunde in der Regel von Natur aus schwimmen können, so können steile Böschungen oder rutschige Teichfolien für sie zur tödlichen Falle werden, wenn sie unbeaufsichtigt hineinpurzeln.

## DER RUHE- UND SCHLAFPLATZ

Vor dem Einzug Ihres kleinen Aussies sollten Sie einen Platz in Ihrem Wohnbereich auswählen, an den sich der Welpe zurückziehen und schlafen kann. Dieser sollte für den Welpen gut zugänglich sein. Der Platz muss frei von Zugluft sein und sollte sich nicht direkt vor der Heizung befinden. Besonders wichtig bei der Auswahl ist, dass der Welpe zwar einen Rückzugsort hat, aber nicht vom Familienleben ausgeschlossen wird. Sperren Sie ihn deswegen nicht allein in einen anderen Raum, wo er Sie weder sehen noch hören kann. Sollte Ihr Welpe den ausgewählten Schlafplatz nicht akzeptieren wollen und sich immer wieder woanders hinlegen, geben Sie diesem Wunsch ruhig nach, wenn es in die Wohnsituation passt.

*Der Ruhe- und Schlafplatz sollte sehr gewissenhaft von Ihnen ausgewählt werden.*

Ferner ist es wichtig, dass der Schlafplatz des Aussies auch wirklich eine Ruhezone für ihn ist. Erklären Sie Ihren Kindern, dass der Welpe anfänglich noch viel Schlaf und Ruhe benötigt und auf seinem Platz nicht gestört werden darf.
Der Markt bietet eine Vielzahl an Schlafplätzen für Ihren Vierbeiner an. Bei der Auswahl sollten Sie bedenken, dass hochwertige Hundekissen eventuell noch den Zähnen Ihres Lieblings zum Opfer fallen werden. So empfehlen sich für den Anfang Hundewannen, die Sie mit einer kuscheligen, gut waschbaren Decke auslegen. Ebenso bewährt hat sich ein Zimmerkennel oder eine faltbare Hundebox. Diese geben dem Welpen durch ihren Höhlencharakter ein Gefühl der Geborgenheit. Dort hinein kann man dann ein passendes Hundebett stellen oder sie mit einem Vetbed auslegen.
Viele Aussiebesitzer berichten, dass Ihr Hund jeden Platz zum Schlafen aufsucht, nur nicht den dafür vorgesehenen. Hier verhält es sich wie mit allen Bereichen in der Hundeerziehung: Wenn es Sie stört, ändern Sie es. Dazu trainieren Sie in kleinen Schritten, dass es sich lohnt, auf dem zugewiesenen Schlafplatz zu bleiben.

## DIE ERSTAUSSTATTUNG

### SCHLAFEN

— eine Hundewanne aus Hartkunststoff, die mit gut und leicht zu reinigenden Decken ausgepolstert wird, oder
— ein Zimmerkennel bzw. eine faltbare Hundebox

### FRESSEN UND TRINKEN

— ein rutschfester, kegelförmiger Edelstahl- oder Keramiknapf für das Futter
— ein rutschfester, kegelförmiger Keramiknapf für das Wasser

### SPIELZEUG

— achten Sie darauf, dass das ausgewählte Spielzeug der Größe Ihres Aussies entspricht und keine verschluckbaren Kleinteile enthält (altes Kinderspielzeug ist ungeeignet!)
— robuste Spielzeuge sind Baumwolltaue und befüllbare Kautschukspielzeuge
— eine gute Ergänzung zur Beschäftigung und zusätzlich als Zahnpflege sind Kauartikel wie Büffelhaut oder Ochsenziemer; geben Sie Ihrem Welpen diese jedoch nur unter Aufsicht

*Die Erstausstattung ist übersichtlich. Investieren Sie lieber in ausgewähltes Equipment.*

*Damit das Fellkind entspannt bei Ihnen einziehen kann, sollten Sie vorher alles bedacht haben.*

### HALSBAND, GESCHIRR UND LEINE

- ein verstellbares Nylonhalsband ohne Zug, passend zum Halsumfang Ihres Welpen (meist 30 cm)
- ein gut sitzendes, verstellbares Nylongeschirr; lassen Sie sich zu den unterschiedlichen Arten im Fachhandel beraten und nehmen Sie Ihren Welpen zur Anprobe mit
- eine leichte Leine aus Nylon oder Biothane. Es empfiehlt sich, zwei verschiedene Längen zu haben: Eine 1 m lange Leine, wenn Sie in hochfrequentierten Bereichen wie der Stadt unterwegs sind, und eine 2 – 3 m lange, verstellbare Leine, wenn der Welpe mehr Platz zum Erkunden der Umgebung haben soll.

### PFLEGE

- Hundebürste und grob gezahnter Kamm
- mildes Hundeshampoo ohne Duftstoffe

### ZUBEHÖR

- Kotbeutel
- Transportbox oder Auto-Sicherheitsgurt
- Zeckenzange
- einige Rollen Küchenpapier
- Leckerchenbeutel

### SONSTIGES

- Hundehaftpflichtversicherung
- Telefonnummer eines Tierarztes
- bei der Gemeinde anmelden
- bei TASSO e. V. registrieren lassen

*Welpen sind neugierig. Sie erkunden sehr gespannt und intensiv ihr Lebensumfeld.*

# AUF INS NEUE ZUHAUSE

Ihr kleiner Aussie wird neben viel Liebe, Konsequenz und Geduld vor allem Zeit fordern. Deswegen sollten Sie mindestens zwei Wochen Urlaub einplanen. Ihr Welpe braucht Zeit, um zu lernen, und auch Sie brauchen Zeit, um sich an den neuen Tagesablauf zu gewöhnen. Ihr Aussie lernt in dieser Altersphase unglaublich schnell und gut. Nutzen Sie die Zeit und bringen Sie ihm wohldosiert seine Umwelt, Regeln und erste Kommandos näher. Achten Sie dabei darauf, dass Ihr Regelwerk in sich schlüssig ist. Wenn der Welpe später nicht mit ins Bett soll, dann darf er es auch jetzt nicht. Wenn Ihr Welpe später keine frisch gewaschenen Socken aus dem Trockner holen soll, dann darf er es auch jetzt nicht. Nur weil

Ihr Welpe so niedlich und süß ist, darf dies kein Freifahrtschein für ihn werden. Wie das genau funktionieren soll, lesen Sie im Kapitel zur Erziehung (S. 83).

## DIE FAHRT NACH HAUSE

Nun ist es soweit und Sie dürfen Ihren Hund endlich mit nach Hause nehmen. Der Umzug ins neue Zuhause ist für Sie, aber auch für Ihren kleinen Aussie sehr anstrengend. Nehmen Sie deswegen unbedingt eine Begleitperson mit, damit Sie sich in Ruhe um Ihren Welpen kümmern können. Die erste Fahrt verbringt der Welpe am besten mit Ihnen auf der Rückbank des Autos. Dort können Sie sich liebevoll um ihn kümmern und ihm über den Verlust seines bisherigen Rudels hinweghelfen. Da einige Welpen bei ihren ersten Autofahrten zu Übelkeit neigen oder vor lauter Aufregung die Kontrolle über ihre Blase verlieren, sollten Sie ein Handtuch und eine Küchenrolle mit auf die Fahrt nehmen. Wenn Sie länger mit dem Auto unterwegs sein werden, planen Sie unbedingt Pausen ein. Wenn Ihr Welpe geschlafen hat, wird er sich vermutlich danach lösen wollen. Vermeiden Sie zur Pause Autobahnraststätten und fahren Sie lieber etwas abseits in eine abgelegene Straße oder einen Feldweg. So hat der Welpe mehr Ruhe, um sich auch wirklich auf sein Geschäft zu konzentrieren. Vergessen Sie daher nicht, ein Halsband und eine Leine mitzunehmen. Genauso sollten Sie an frisches Trinkwasser und einen Wassernapf denken.

## DIE ERSTEN TAGE

Endlich zu Hause angekommen, sollten Sie den Welpen nicht mit einer Willkommensparty mit Freunden oder Nachbarn verängstigen. Zum Kennenlernen für Außenstehende bleibt in den nächsten Wochen noch genug Zeit.
Zuallererst bringen Sie den kleinen Aussie an seinen zukünftigen Löseplatz. Meist brauchen die Welpen ein Weilchen, weil in der neuen Umgebung alles spannend riecht und es doch so viel zu erkunden gibt. Haben Sie Geduld. Wenn Ihr Welpe sich dann endlich löst, loben Sie ihn ganz ausgiebig mit Worten wie beispielsweise „Feeeiiiiiines Pieschi". Wenn Sie diese Worte immer wiederholen, während der Welpe sein Geschäft verrichtet, lernt er sehr schnell, dass sein Besitzer hoch erfreut ist, wenn er sich

auf dem entsprechenden Löseplatz entleert. Der Aussie lernt irgendwann, mit diesen positiven Worten eine Handlung zu verknüpfen, und Sie werden sich erinnern: Der Aussie will Ihnen möglichst alles recht machen. Dieses „Kommando“ kann auch im späteren Hundeleben von Vorteil sein.
Nachdem der Welpe sich gelöst hat, bringen Sie ihn wieder zurück ins Haus. Am besten zuerst nur in den Raum, wo sich sein Ruheplatz befindet. Lassen Sie ihn dort schnüffeln und alles ausgiebig erkunden. Wird Ihr Welpe langsam müde, setzen Sie sich mit ihm zusammen auf seinen Ruheplatz und streicheln ihn liebevoll in den Schlaf.

## DIE ERSTE NACHT

Lassen Sie Ihren kleinen Aussie bitte nicht allein schlafen! Er ist das erste Mal von seiner Mutter und den Geschwistern getrennt und er braucht Nähe und Zuneigung. Schlagen Sie sein Nachtlager neben Ihrem Bett auf, so bemerken Sie umso besser, wenn er aufwacht und unruhig wird. Durch Ihre Nähe und Geborgenheit legen Sie den ersten Grundstein für eine gute Bindung. Sobald Ihr Welpen aufwacht, sollten Sie schleunigst in die Puschen kommen und ihn auf dem Arm nach draußen tragen, denn er wird sich lösen wollen. Diese Situation werden Sie in den ersten Nächten häufig erleben, und seien Sie sich sicher: Der Welpe muss immer. Das ist anfänglich schlafraubend und anstrengend, aber je konsequenter Sie darauf achten, umso schneller wird Ihr Welpe stubenrein sein.

## STUBENREINHEIT

Es gibt Hundebesitzer, die berichten, dass ihr Welpe niemals in die Wohnung gemacht habe. Andere wiederum erzählen, dass es bei ihnen viele Monate gedauert habe, um den Hund stubenrein zu bekommen. Eine pauschale Antwort auf die Frage: „Wie lange dauert es, bis der Welpe stubenrein ist?“, gibt es nicht. Durchschnittlich sind Hunde erst ab dem 4. Monat dazu in der Lage, Blase und Darm zu kontrollieren. Manchmal passieren Missgeschicke auch noch bei älteren Hunden, zum Beispiel wenn sie sich freuen, Sie zu lange weg waren oder aber auch, wenn sie sich die Blase verkühlt haben. Gehen Sie nicht davon aus, dass Ihr Aussie Ihnen in die Wohnung macht, um Sie zu ärgern, sondern versuchen Sie zu ergründen, was zu dem Malheur geführt haben könnte.
Damit Ihr Welpe möglichst schnell stubenrein wird, gibt es zwei Grundregeln: Vermeiden Sie, dass der Welpe ins Haus macht, und belohnen Sie ihn, wenn er draußen sein Geschäft erledigt. Bringen Sie Ihren Welpen deswegen sehr häufig nach draußen und loben Sie ihn immer wieder, wenn er sich löst. Schlagen Sie dabei eine freundliche und ruhige Tonlage an. Viele Welpen reagieren auf begeisterte Freudensprünge ihrer Besitzer mit ebenso viel Enthusiasmus und vergessen dabei ganz, weswegen sie draußen waren. Am Anfang wird es Ihnen vielleicht etwas schwer fallen, die Situation richtig einzuschätzen, aber seien Sie sicher: Bald haben Sie ein Auge und Gespür dafür, wann Ihr kleiner Freund raus muss.

---

**STUBENREINHEIT**

Bringen Sie Ihren Welpen immer raus, wenn

- er gefressen hat,
- er aufgewacht ist,
- er ausgiebig gespielt hat,
- er sich bereits hinsetzt zum Lösen,
- Sie erkennen, dass der Welpen sich bald lösen muss,
- er am Boden schnüffelt und/oder sich im Kreis dreht,
- er zur Tür läuft oder sieht.

---

*Schnell nach draußen tragen, bevor der Welpe sein Geschäft in der Wohnung verrichtet.*

Seien Sie nicht frustriert, wenn Ihr Welpe, unmittelbar nachdem Sie draußen waren, sein Geschäft in der Wohnung verrichtet. Viele Welpen sind draußen sehr aufgeregt oder fühlen sich nicht sicher genug, um sich zu lösen. Bleiben Sie mit Ihrem Welpen dann das nächste Mal ein bisschen länger unter freiem Himmel. Wenn ein Unglück in der Wohnung passiert, schimpfen oder bestrafen Sie Ihren Hund nicht, sondern fragen Sie sich lieber, welche Zeichen Sie übersehen haben könnten. Wischen Sie das Missgeschick einfach kommentarlos weg. Der „Erziehungstipp“, die Nase in den Urin des Hundes zu tunken, hält sich immer noch hartnäckig, obwohl er jeder didaktischen Grundlage entbehrt. Denn der Welpe kann keinen Zusammenhang zwischen seinem Geschäft und Ihrer Strafaktion herstellen. Bedenken Sie außerdem, wie empfindlich die Nase des Aussies ist. Das Einzige, was der Hund daraus lernt, ist, dass Sie zu drastischen Überreaktionen neigen und damit unglaubwürdig sind, oder aber, dass er ganz genau aufpassen und Sie beobachten muss, damit Sie nicht in der Nähe sind, wenn er sich lösen muss.

# FÜR EIN LANGES HUNDELEBEN

## — *Pflege und Gesundheitsvorsorge*

# GESUNDE ERNÄHRUNG

**Die Beschäftigung mit der gesunde Ernährung des Aussies kann die Besitzer zur Verzweiflung bringen angesichts der Vielfalt an Produkten und vorherrschenden Modetrends. Vieles davon wird als das einzig Wahre angepriesen.**

Sie werden von Barfen, Alleinfuttermittel, Nassfutter und sogar veganer Hundeernährung hören und lesen, obwohl Sie eigentlich nur die Frage beantworten wollen: „Welches Futter ist das richtige für meinen Hund?“ Eine pauschale Antwort gibt es leider auch hier nicht. In der Ernährung gilt, wie auch in allen anderen Bereichen: Jeder Hund ist anders. Abhängig von Alter, Gesundheitszustand, Aktivität und Gewicht muss die Entscheidung für das passende Futter stets individuell erfolgen. Dieses Kapitel soll Sie mit den wichtigsten Aspekten im Sinne der Hundegesundheit versorgen, damit Sie Anhaltspunkte für das optimale Futter Ihres Hundes haben. Eine weiterführende, vertiefende Lektüre zur Ernährung wäre auf jeden Fall empfehlenswert.

## FUTTEREMPFEHLUNG VOM ZÜCHTER

Sie haben von Ihrem Züchter mit hoher Wahrscheinlichkeit Futter für Ihren kleinen Liebling für die ersten Tage oder Wochen samt Fütterungsempfehlungen mitbekommen. Bitte halten Sie sich an die Anweisungen und füttern Sie dem kleinen Aussie das mitgegebene Futter in der angeratenen Art und Weise. Beachten Sie dabei die Menge, Portionen und Zeitabstände der Fütterung. Wenn Sie später etwas anderes als das vom Züchter empfohlene Futter verwenden wollen, stellen Sie Ihren Welpen erst nach der Eingewöhnungsphase langsam und schrittweise auf das neue Futter um. Auf diese Weise vermeiden Sie, dass Ihr Kleiner nach der Trennung von Mutter und Geschwistern weiteren Stress erleidet und vielleicht noch Bauchweh bekommt.

In den Wochen der Eingewöhnungszeit können Sie sich überlegen, ob die Fütterungsart diejenige ist, die Sie ein ganzes Hundeleben praktizieren wollen. Die Möglichkeiten, seinen Hund gesund zu ernähren, sind vielfältig.

*Gar nicht so einfach, den Napf gesund zu füllen.*

*Alter, Gesundheitszustand, Aktivität und Gewicht bestimmen, was im Napf landet.*

## WAS HUNDE FRESSEN

Zunächst sollte man sich bewusst machen, was Hunde fressen. Dazu werfen wir einen Blick auf den direkten Vorfahren des Hundes, den Wolf. Wölfe ernähren sich von Beutetieren. Abhängig vom Lebensraum können dies Bisons, Elche, Rehe, Schafe, Mäuse, aber auch Vögel sein. Urgroßvater Wolf fängt mitunter auch Fische und frisst Wurzeln, Beeren und andere Früchte. Durch den Verzehr des ganzen (kleinen) Beutetieres nimmt der Wolf verschiedene Komponenten zu sich. Aus den Knochen versorgt er sich mit Kalzium und Mineralstoffen. Aus dem Muskelfleisch und Fett mit Proteinen und Fettsäuren. Aus den Innereien mit fettlöslichen Vitaminen sowie Spurenelementen. Aus dem Blut gewinnt er Natrium und aus dem Darminhalt faseriges pflanzliches Material, welches für eine optimale Funktion des Verdauungstrakts erforderlich ist. Auch wenn die pflanzliche Kost nur einen kleinen Teil auf dem Speiseplan des Wolfes ausmacht, so ist sie ein unverzichtbarer Bestandteil.

Der Leiter des Instituts für Tierernährung FU Berlin, Prof. Dr. Jürgen Zentek, stellte heraus, dass sich der Wolf je nach Versorgungslage und Angebot an unterschiedliche Futterarten anpassen kann. Sein Verdauungskanal und Stoffwechsel sind flexibel. Über diese Fähigkeit verfügen auch unsere Hunde nach über 14000 Jahren Domestikation noch, was uns die Fütterung erheblich erleichtert.

## ERNÄHRUNGSFORMEN

Mit dem Hintergrundwissen über die ursprünglichen Nahrungsquellen des Wolfes und den damit verbundenen Kenntnissen über die Nahrungsansprüche unseres Hundes schauen wir uns nun die verschiedenen Formen der Ernährung an.
Grundsätzlich unterscheidet man bei Hundenahrung zwischen Alleinfutter und Ergänzungsfutter.

**Alleinfutter** steht unter dem Anspruch, den Hund optimal mit allen Nährstoffen zu versorgen, die er braucht. Es ist somit langfristig als alleinige Nahrungsquelle geeignet. Erhältlich ist es in Form von Trockenfutter, Feuchtfutter und – seltener – halbfeuchtem Futter.

**Ergänzungsfuttermittel** dagegen sind Mischungen, die einen hohen Gehalt an ausgewählten Stoffen aufweisen. Sie dienen in den meisten Fällen zur Ergänzung der gegebenen Nahrung und sollen Mangelerscheinungen im Körper verhindern oder ausgleichen. Sie werden nur bei Bedarf eingesetzt.

Das Barfen nimmt eine gesonderte Stellung ein, weil es auch als Alleinfutter deklariert werden kann, aber fast immer aus mehreren Komponenten besteht.

### BARFEN

Mittlerweile gibt es für den Begriff „BARF" die unterschiedlichsten Erklärungen, Definitionen und Theorien. Die einfachste unter ihnen ist sicherlich „Bones and Raw Food", was übersetzt „Knochen und rohes Futter" bedeutet. Beim Barfen imitiert der Hundehalter die Ernährung eines wild lebenden Wolfes. Das Futter wird selbst zusammengestellt und *alles* wird roh verfüttert. Barfen braucht keine große Philosophie, jedoch ist eine vertiefende Auseinandersetzung mit der Ernährung und dem Nährstoffbedarf notwendig. Deswegen braucht Barfen anfänglich mehr Zeit. Der Hundehalter muss sich in diese Ernährungsmethode eindenken und sich einige Fragen beantworten. Weiterhin müssen geeignete Bezugsquellen für Fleisch, Knochen, Kräuter usw. gefunden werden. Mittlerweile gibt es jedoch zahlreiche Läden und Online-Shops, in denen man alles Benötigte erwerben kann. Sich über die gesunde Ernährung seines

*Beim Barfen stehen ausschließlich frische und rohe Zutaten auf dem Speiseplan.*

Vierbeiners zu informieren und diese schlussendlich auch zu praktizieren, macht viel Spaß und es dauert später auch nicht viel länger, als die Futterschüssel mit Trockenfutter zu füllen. Weiterführende Literatur zum Thema „Barfen“ finden Sie im Anhang.

## FERTIGFUTTER

Angesichts der Vielfalt an Produkten und Marken kann dem Aussiebesitzer schwindelig werden, wenn es um die Entscheidung für ein trockenes oder feuchtes Alleinfutter geht. Die Futtermittelindustrie liefert vom Welpen- bis zum Seniorfutter alles, was das Hundehalterherz höher schlagen lässt. Um eine Auswahl zu treffen, berücksichtigen Sie Alter, Gesundheitszustand, Aktivität und Gewicht Ihres Hundes, denn jeder Aussie hat individuelle Ansprüche.

Um ein wenig Licht in den Dschungel des Trocken- und Nassfutters zu bringen, werfen wir einen Blick auf die auf der Packung angegebenen Inhaltsstoffe. Damit wird es Ihnen leichter fallen, ein geeignetes Futter zu finden, dass den Bedürfnissen Ihres Vierbeiners gerecht wird.

*Fleischige Knochen zu benagen, macht Ihrem Aussie Spaß und reinigt ganz nebenbei auch noch die Zähne.*

## DEKLARATIONEN AUF FUTTERMITTELETIKETTEN

Die Deklaration auf Futtermitteln enthält zwei oder drei Bereiche. Zum einen die Angaben der Nähstoffgehalte, auch analytische Bestandteile genannt. Dort findet man die prozentualen Angaben zum Rohprotein, Fettgehalt, zu Rohasche, Rohfaser und Feuchtigkeit. Zum anderen findet man die konkrete Zusammensetzung der einzelnen Futterkomponenten. Zum Beispiel welches Fleisch, Obst oder Gemüse, Getreide sowie welche Öle und Mineralstoffe in dem Futter verwendet wurden. Ein dritter Bereich wird bei einigen Alleinfuttern die Auflistung von Zusatzstoffen sein. Das bedeutet, dass diese Stoffe nicht (mehr) in den Komponenten, die Sie unter „Zusammensetzung“ finden, enthalten sind und dem Futter beigemengt werden mussten, damit dieses Futter als Alleinfutter deklariert werden kann. Auch der Gesetzgeber gibt der Futtermittelindustrie einige Vorgaben zur Deklaration mit auf den Weg. So müssen beispielsweise die Komponenten, die Sie unter „Zusammensetzung“ finden, in absteigender Reihenfolge ihrer Gewichtsanteile angegeben werden. Steht „Ente“ an erster Stelle, so muss von dieser mengenmäßig auch am meisten im Futter enthalten sein. Die Gewichtsprozente müssen sich auf den Gesamtinhalt des Futters beziehen. Wasser, das dem Futter zugefügt wurde, werden Sie in der „Zusammensetzung“ nicht finden, weil es sich dabei um einen Hilfsstoff handelt. Aufschluss über den Wassergehalt ergeben nur die analytischen Bestandteile unter Feuchtigkeit.
Mit diesem Grundwissen gewappnet, lohnt sich nun ein genauerer Blick auf die verschiedenen Deklarationen. Man unterscheidet zwei Arten von Deklarationen, die geschlossene und die offene. In der geschlossenen Deklaration werden lediglich Gruppenbezeichnungen verwendet, zum Beispiel: Fleisch, Getreide, Gemüse und Mineralstoffe. Eine prozentuale Mengenangabe ist hierbei nicht erlaubt, weil diese nur für Einzelzutaten gestattet ist. Es liegt nahe, dass ein Futterhersteller, der sein Produkt ohne Offenlegung der Zutaten auf den Markt bringt, nicht möchte, dass der Verbraucher die Zusammensetzung kennt. Hier gibt es nur die Möglichkeit, sich an den Hersteller zu wenden und nach der genauen Deklaration zu fragen oder aber die Finger davon zu lassen.
In der offenen Deklaration erfahren Sie genau, welche Einzelzutaten – bis ins Detail aufgeschlüsselt – in dem Futter enthalten sind. Im Idealfall sind diese auch noch mit den Prozentangaben versehen, sodass das Futter in vollem Umfang transparent wird. Dies ist gerade für Allergikerhunde, von denen es leider auch bei den Aussies immer mehr gibt, von großer Bedeutung. Die möglichen Einzelzutaten im Detail aufzuschlüsseln, würde an dieser Stelle zu weit führen. Als Tipp und Hilfestellung für die Einzelzutaten können Sie sich Ihre eigene Ernährung vor Augen führen und vergleichen, welche Stoffe Sie benötigen und gern zu sich nehmen würden. Das ein oder andere Futter wird damit ganz sicher herausfallen.

### Ein Beispiel

Schauen wir uns ein Trockenfutter für ausgewachsene Hunde etwas genauer an. Folgendes können Sie auf der Verpackung lesen:

**Zusammensetzung** Getreide, Fleisch und tierische Nebenerzeugnisse (u. a. 4 % 5 Sorten Fleisch), Öle und Fette (u. a. 0,2 % Fischöl, 0,2 % Sonnenblumenöl), pflanzliche Nebenerzeugnisse (u. a. 2 % Zuckerrübenschnitzel), Mineralstoffe (u. a. 0,7 % Sodium Tripolyphosphate)

**Analytische Bestandteile** Protein 22 %, Fettgehalt 13 %, Anorganische Stoffe 7,5 %, Rohfaser 2,5 %, Kalzium 1,4 %, Eisen 0,02 %

**Zusatzstoffe pro kg** Vitamin A 17350 IE, Vitamin D 31065 IE, Vitamin E 280 mg, Vitamin B1 8,2 mg, Vitamin B2 14,8 mg,

Vitamin B6 3,8 mg, Vitamin B9 0,77 mg, Vitamin B12 0,07 mg, Vitamin B5 33,2 mg, Vitamin B3 34,7 mg, Biotin 0,33 mg, Calciumjodat wasserfrei 2 mg, Kupfersulfat Pentahydrat 55 mg, Mangan(II)-sulfat Monohydrat 220 mg, Natriumselenit 0,45 mg, Zinksulfat Monohydrat 560 mg

### Was wir mithilfe des Etiketts über das Futter wissen und was nicht

- Es enthält am meisten Getreide (weil es unter Zusammensetzung an erster Stelle steht) – wie viel genau bleibt unklar, weil keine Prozentangabe gemacht wurde.
- Es enthält 4 % Fleisch und tierische Nebenerzeugnisse – bestehend aus fünf Sorten. Welche Sorten und wie viel Prozent von jeder Sorte, verrät uns der Hersteller nicht.
- Es enthält Öle und Fette. 0,4 % der Öle werden aufgeführt, doch welche Fette enthalten sind, wird nicht veröffentlicht.
- Es enthält pflanzliche Nebenerzeugnisse. Damit sind alle Abfallprodukte der pflanzenverarbeitenden Industrie gemeint. Das könnten Erdnussschalen, Stroh, Pressrückstände aus der Ölgewinnung von Mais und vieles mehr sein. Auch hier erfolgt keine detaillierte Auflistung der Nebenerzeugnisse.
- Es enthält zahlreiche Zusatzstoffe, die nicht (mehr) in den Ausgangsstoffen enthalten sind und beigemengt werden mussten. Zusatzstoffe sind teilweise künstlich hergestellte Vitamine, Spurenelemente oder Mineralstoffe.

### Was sagt uns das?

Dieses Futter enthält am meisten Getreide. Das ist für den Hund zwar nicht schädlich, allerdings der Hauptauslöser bei Futtermittelallergien. Es sollte daher nicht der Hauptbestandteil eines Futters sein. Die Summe der aufgeschlüsselten prozentualen Anteile ergibt 7,1 %. Jetzt stellt sich die große Frage, wie sich die anderen 92,9 % zusammensetzen. Weder die tierischen noch die pflanzlichen Nebenerzeugnisse werden näher deklariert. Auch hier stellt sich die Frage, warum der Hersteller diese nicht genauer aufführt, wenn es sich dabei doch um wertvolle Rohstoffe handelt. Die Zugabe der zahlreichen Zusatzstoffe lässt darauf schließen, dass entweder beim Herstellungsprozess die natürlichen Nährstoffe zerkocht wurden oder aber, dass das Ausgangsmaterial bereits so minderwertig war, dass es kaum noch natürliche Nährstoffe enthielt. Wenn Sie sich mit diesem Wissen für oder gegen das Futter entscheiden müssten, wie würde Ihre Wahl ausfallen?

## ERGÄNZUNGSFUTTERMITTEL

Bei der Verwendung eines Alleinfuttermittels besagt bereits der Name, dass eine zusätzliche Gabe von Ergänzungen zum Futter nicht notwendig ist, da alle Stoffe, die der Hund benötigt, bereits im Futter enthalten sind. Ein Futter, das diesen Anspruch nicht für sich hegt, muss nicht schlechter sein. Es könnte ebenso der Fall sein, dass man hier auf die Verwendung von künstlichen Zusatzstoffen verzichtet und es dem Hundehalter selbst überlässt, welche Ergänzungen sein Hund gegebenenfalls braucht. So werden zum Beispiel einige Fertig-Barf-Produkte als Ergänzungsfutter deklariert.

Über die Verwendung von Ergänzungsfuttermitteln und -präparaten muss somit im Normalfall nur der Aussiebesitzer nachdenken, der die Menüs für seinen Hund selbst zubereitet. Bei der Hausmacherkost können sie sinnvoll sein, um seinen Hund gesund zu halten. Bitte beachten Sie, dass ein Zuviel an Nahrungsergänzungen im schlimmsten Fall zu einer Überversorgung mit bestimmten Vitaminen oder Mineralstoffen führt. Ein Überschuss an Kalzium beispielsweise kann zu Verdauungsstörungen, Erkrankungen der Nieren, Fehlausbildungen des Skeletts oder auch zur Schilddrüsenunterfunktion führen. Ausschlaggebend ist somit, dass Sie die benötigten Nährstoffzugaben wirklich bedarfs-

*Trinken ist das wichtigste Bedürfnis unserer Hunde. Halten Sie deswegen stets frisches Wasser bereit.*

gerecht füttern. An die vom Hersteller angegebene Höchstmenge sollten Sie sich unbedingt halten. Sollte Ihr Aussie Symptome von Mangelerscheinungen zeigen,sprechen Sie mit Ihrem Tierarzt oder Tierheilpraktiker über den sinnvollen Einsatz der Präparate sowie deren Dosierung.

## TRINKWASSER

Das mit Abstand wichtigste Bedürfnis unserer Hunde ist Trinken. Wasser ist, wie für uns Menschen, überlebensnotwendig. Es wird für nahezu alle Körperfunktionen gebraucht. Durch die Aufnahme von Wasser werden Nährstoffe und auch Abfallprodukte transportiert. Ebenso dient es Hunden zur Regulierung der Körpertemperatur, da sie nicht schwitzen. Hunde gleichen hohe Temperaturen im Regelfall durch Hecheln aus. Dazu ziehen sie kühle Luft durch die Nase ein und atmen warme Luft über das Maul wieder aus. Der dabei auf der Zunge verdunstende Speichel trägt zusätzlich zur Abkühlung bei. Einen kleinen Anteil daran, dass die Körpertemperatur reguliert wird, haben auch die Schweißdrüsen der Pfoten. Sie sollten demnach immer darauf achten, dass Ihrem Aussie stets ausreichend frisches und sauberes Trinkwasser zur Verfügung steht. Für unterwegs bieten sich spezielle Trinkflaschen an.

## SNACKS UND KAUARTIKEL

Kauen beruhigt Ihren Aussie in den meisten Fällen sehr effektiv. So bietet es sich zum Beispiel an, dem Junghund eine Wartezeit mit einem Kauartikel zu versüßen. Das Kauen kann hierbei zur Stressbewältigung dienen und verschont mitunter auch Ihre Lederschuhe oder Stuhlbeine. Als lang andauernder Kauspaß hat sich Ochsenziemer und Rinderkopfhaut bewährt. Etwas kürzer ist das Vergnügen bei Rinderpansen und Rinderohren, aber Ihr Liebling wird sich trotzdem sehr über einen kleinen Snack hin und wieder freuen.

Wenn Sie Ihrem Hund häufiger Leckereien zwischendurch geben oder diese bei Erziehungsübungen verwenden, berücksichtigen Sie diese bei den Hauptfütterungen. Die kleinen Naschereien sind nicht selten wahre Kalorienträger. Ziehen Sie diese Snacks daher von der eigentlichen Futterration ab oder verwenden Sie alternativ das Futter der Hauptmahlzeiten als Belohnungshappen.

*Das Kauen eines schmackhaften Ochsenziemers kann Ihren Aussie beruhigen und die Wartezeit verkürzen.*

## FÜTTERUNGSPRAXIS

Nachdem Sie sich, unter Abwägung aller Vor- und Nachteile, für eine Fütterungsvariante entschieden haben, muss die Frage „Wie oft soll mein Hund etwas zu fressen bekommen?“ beantwortet werden. Dabei ist es günstig, Ihrem Aussie mit einer gewissen Regelmäßigkeit mehrmals am Tag Futter anzubieten. Von der 8. bis zur 16. Wochen sollte sich die Tagesration auf mindestens vier Mahlzeiten am Tag verteilen. Ab der 17. Woche bis zu zwölf Monaten empfehlen sich drei Mahlzeiten und ab ca. einem Jahr sind zwei Mahlzeiten empfehlenswert. Es ist ratsam, eine kleinere Portion am Morgen zu geben und die größere auf den Abend zu verlegen. Auf diese Weise behalten Sie einen besseren Überblick über die am Tag gegebenen Leckerbissen und können diese ggf. von der abendlichen Portion abziehen. Nach jeder Hauptmahlzeit sollten Sie Ihrem Hund eine Stunde Pause zur Verdauung gönnen und auf rasante Spaziergänge und Tobereien verzichten.

## ÜBERGEWICHT

Bei Ihrem Aussie sollten Sie in allen Lebensphasen darauf achten, dass er kein Übergewicht entwickelt. Dieses wirkt sich negativ auf sein Allgemeinbefinden aus und kann zu Krankheiten führen. Folgen von Übergewicht können Diabetes mellitus, Gelenkschäden, Atembeschwerden oder auch Herz-Kreislauf-Probleme sein. So verringert ständiges Übergewicht die Lebenserwartung Ihres Aussies erheblich.
Das absolute Gewicht Ihres Hundes gibt Ihnen nicht zwangsläufig darüber Auskunft, ob sich Ihr Aussie im Idealbereich bewegt. Auch typische Gewichtsangaben der Rasse müssen nicht auf Ihren Liebling zutreffen. Während die Hündin eher etwas kleiner und schmaler ist und somit auch meist weniger auf die Waage bringt als der Rüde, spielt auch die Bemuskelung eine wichtige Rolle. Um festzustellen, ob Ihr Aussie Übergewicht hat, betrachten Sie ihn von der Seite und kontrollieren, ob die Bauchlinie vom Brustkorb zum Becken aufsteigend ist. Ist das Fell gerade sehr ausgeprägt, können Sie die Linie auch mit der Hand abtasten. Betrachten Sie Ihren Hund von oben, sollte der Bereich hinter den Rippen schlanker sein als der des Brustkorbs. Es soll eine Taille erkennbar sein. Wenn Sie mit der Hand über den Brustkorb streichen, müssen die Rippen unter einer dünnen

*Zusätzliche Bewegung hilft beim Abnehmen.*

Fettschicht gut fühlbar sein. Treffen bei Ihrem Aussie alle drei Punkte zu, wissen Sie, dass er im Bereich des Idealgewichts liegt.

### ABHILFE BEI ÜBERGEWICHT

Erscheint Ihnen Ihr Aussie zu wohlgenährt, sollten Sie in Erwägung ziehen, ihn Ihrem Tierarzt vorzustellen, damit ausgeschlossen werden kann, dass das Übergewicht krankheitsbedingt ist. Auch eine Herz-Kreislauf-Kontrolle bietet sich gleich mit an. Sollte Ihr Aussie bereits an Folgen des Übergewichts, wie beispielsweise Arthrose, leiden, empfiehlt es sich, einen Bewegungsplan mit dem Tierarzt abzusprechen, damit die Gelenke nicht weiter geschädigt oder unnötig belastet werden. Beim Abnehmen gilt für Ihren Hund: Er muss mehr Kalorien verbrauchen, als er aufnimmt. Dazu verringern Sie anfänglich die Futterrationen geringfügig.

Wenn Sie Ihren Aussie mit industriellem Alleinfutter versorgen, verringern Sie die Futtermenge oder aber weichen auf ein kalorienarmes Futter aus. Sollte Ihr Liebling dann mit knurrendem Magen herzerweichend um Futter betteln, können Sie die Mahlzeiten auf zwei bis vier kleine Portionen pro Tag aufteilen. Damit sich ein schnelleres Sättigungsgefühl einstellt, können Sie das Trockenfutter auch 15 Minuten in lauwarmem Wasser oder auch in Brühe einweichen.

Für den Fall, dass Sie das Menü selbst zubereiten, verändern Sie die Fleischkomponenten und verwenden vorzugsweise mageres Puten-, Hühner- oder Straußenfleisch. Ebenso können die Gemüsekomponenten ein wenig erhöht werden.

Vermeiden Sie beim Abnehmen Nulldiäten. Diese radikale Maßnahme bringt meist nur kurzfristigen Erfolg, weil nicht die Fettpölsterchen, sondern eher die Muskeln schwinden. Verringern Sie lieber langsam die Kalorienzufuhr und steigern Sie das tägliche Bewegungspensum. Denn auch Ihr Hund braucht zusätzliche Bewegung zum Abnehmen. Diese sollten Sie an das Gewicht Ihres Hundes anpassen. Das ein Aussie mit 50 kg Körpergewicht nicht mehr neben dem Fahrrad laufen sollte, versteht sich dabei von selbst. Schwimmen ist mit Abstand die gelenkschonendste Möglichkeit; sollte dies nicht möglich sein, ist auch zügiges Spazierengehen eine gute Alternative.

## WAS SIE NICHT FÜTTERN SOLLTEN

**Rohes Schweinefleisch** kann die für den Hund tödlichen Aujeszky-Viren enthalten.

**Gekochte Knochen** werden durch das Kochen spröde und splittern leicht – Gefahr von Darmverletzungen bis hin zum tödlichen Darmverschluss; rohe fleischige Knochen können verfüttert werden.

**Rosinen und Weintrauben** können zu schweren Nierenschäden oder Nierenversagen führen.

**Rohe Auberginen, grüne Paprika, grüne Tomaten und Kartoffeln** enthalten das giftige Solanin.

**Avocados** Einige Sorten enthalten das für den Hund tödliche Gift Persin. Die Unterscheidung der Sorten fällt so schwer, dass grundsätzlich darauf verzichtet werden sollte.

**Rohe Erbsen, Linsen, Bohnen und Puffbohnen** können im ungekochten Zustand Krämpfe und Blähungen verursachen.

**Zwiebeln und Knoblauch** Vorfälle von Vergiftungen sind bekannt, die Giftigkeit ist jedoch nicht bewiesen.

**Holunderbeeren** können Probleme im Verdauungstrakt verursachen. Bei Vergiftungen können Erbrechen, Durchfall und Atembeschwerden auftreten.

*Weintrauben, Schokolade und Co. haben im Futternapf nichts verloren!*

**Quitten** enthalten große Mengen an Tannin/Gerbsäure, die zu Nierenschäden führen können.

**Kakao und Schokolade** enthalten Theobromin, das für Hunde tödlich sein kann.

**Xylit (Süßstoff)** kann zu einer Absenkung des Blutzuckerspiegels führen, was Koordinationsstörungen und Krämpfe zur Folge hat. Unbehandelt kann der Kollaps auch zum Tod führen.

**Alkohol** kann zu Erbrechen, Atemnot, Koma und sogar zum Tod führen.

**Koffein** kann zu Erbrechen, Durchfall, Krampfanfällen oder lebensbedrohlichen Herzrhythmusstörungen führen.

**Nikotin** ist ein starkes Nervengift – Obacht beim Spaziergang! Gerade Welpen und Junghunde neigen dazu, alles ins Maul zu nehmen und zu fressen. Bereits eine Zigarette kann tödlich wirken.

# GEPFLEGT VON KOPF BIS PFOTE

Die meisten Australian Shepherds lieben es, gepflegt zu werden. Es ist eine gute Möglichkeit, um Zeit mit dem Hund zu verbringen, Vertrauen aufzubauen und seineBindung zu Ihnen zu intensivieren. Bei regelmäßiger Pflege werden Sie außerdem schnell erkennen können, wenn bei Ihrem Aussie einmal etwas nicht in Ordnung ist.
Beginnen Sie mit der Pflege Ihres Lieblings schon im Welpenalter. So lernt Ihr Aussie von den ersten Lebensmonaten an, dass die Pflege etwas ganz Wunderbares ist. Beginnen Sie dabei immer schrittweise und passen Sie die Pflegezeit dem Alter und der Entwicklung des Hundes an. Einen Welpen über eine Stunde zu bürsten und von ihm zu verlangen, dabei ruhig zu liegen oder stehen zu bleiben wäre wirklich keine Freude für ihn.
Um Ihren Welpen auf die Pflege vorzubereiten, lohnt es sich, das Stehen und Liegen auf einem Trimmtisch oder einem Tisch, einer Bank, Kiste usw. mit rutschfester Unterlage zu trainieren. Natürlich können Sie Ihren Aussie auch auf dem Boden stehend pflegen. Das Training auf einem Trimmtisch bereitet Ihren Aussie jedoch gleichzeitig auf künftige Tierarztbesuche vor und schont Ihren Rücken.

## ÜBEN AUF DEM TRIMMTISCH

In der Welpenzeit empfiehlt es sich, das Stehen auf einem Tisch zu üben. Bewaffnen Sie sich mit kleinen Futterbröckchen, die Sie in Ihrer Hosentasche aufbewahren. Heben Sie Ihren Welpen vorsichtig auf einen Tisch mit rutschfester Unterlage. Während er dort ganz entspannt stehen bleibt, sitzt oder liegt, belohnen Sie ihn mit ein paar Futterbröckchen. Ruhige lobende Worte gehören natürlich ebenso dazu. Das Ziel dieser Übung ist noch nicht das Bürsten oder Pflegen, sondern vorerst nur, dass Ihr Welpe den Tisch positiv und vor allem mit Ruhe verknüpft. Wechseln Sie immer mal wieder die Positionen, die Ihr Welpe einnehmen soll. Das „Sitz" erreichen Sie am besten, indem Sie ein Leckerchen von der Schnauze aufwärts langsam über den Kopf des Welpen führen, bis der Po automatisch nach unten geht. In dem Moment, in dem der Welpe den Po absetzt, gibt es die Belohnung. Beim „Steh" führen Sie eine Hand unter den Bauch des Welpen, und die andere Hand nutzen Sie, um den Kopf zu „lenken". Ihr Welpe wird schnell aufstehen, um das Leckerchen vor der Schnauze zu erreichen. Wenn alle vier Pfötchen stehen, dann geben Sie die Belohnung frei.
Bei der Übung „Liegen" nehmen Sie ein Leckerli in die Hand, zeigen es Ihrem Fellkind und verschließen es anschließend in Ihrer Faust. Legen Sie nun die Faust auf den Tisch und schauen, ob Ihr Welpe versucht, an das Leckerchen zu kommen. Ein wenig schmerzresistent müssen Sie bei dieser kleinen Übung schon sein, weil es vorkommen kann, dass Ihr Welpe versucht, an Ihrer Hand zu kratzen oder zu nagen. Schafft es Ihr Welpe, sich auf den Tisch zu legen, weil er auf Augenhöhe Ihre Hand untersuchen will, geht die Hand auf und das Futter darf genommen werden. Achten Sie bei den Übungen darauf, dass der Welpe aufmerksam mitmacht und nicht

ermüdet oder überfordert ist. Ein paar Minuten Training reichen am Anfang völlig aus. Sollten Sie feststellen, dass die Übungen zu anstrengend für Ihren Welpen sind, schließen Sie mit etwas Einfachem ab (in diesem Fall ein Leckerchen dafür, dass er ganz entspannt auf dem Tisch ist, egal in welcher Position) und brechen die Übung an dieser Stelle ab. Ein wichtiger Hinweis: Bitte drehen Sie Ihrem Welpen auf dem Tisch nicht den Rücken zu oder lassen ihn unbeaufsichtigt. In Sekundenschnelle kann Ihr kleiner Aussie vom Tisch fallen oder springen und sich verletzen. Hat Ihr Welpe gelernt, ganz ruhig und entspannt in verschiedenen Positionen auf dem Tisch zu sein, können Sie mit dem Training des Bürstens und Pflegens beginnen.

## BEIM ÄLTEREN HUND

Wenn Ihr Aussie schon ausgewachsen ist, sollten Sie das ruhige Stehen auf dem Tisch natürlich auch üben, wenn er es noch nicht beherrscht. Die Vorgehensweise ist dieselbe wie beim Welpen. Einzig Ihre Übungsphasen können Sie beim älteren Aussie etwas ausdehnen, weil er sich bereits länger konzentrieren kann.

Sollte es Ihnen schwerfallen, Ihren Vierbeiner auf den Tisch zu heben, bringen Sie ihm „Füße hoch" bei. Bei diesem Kommando stellt Ihr Hund die Vorderpfoten auf den Tisch und Sie können die Hinterbeine nachheben. Zur Einführung dieses Kommandos klopfen Sie ein bisschen auf den Tisch und tun ganz interessiert, als ob dort etwas Spannendes liegen oder passieren würde. Stellt Ihr Aussie aus Neugier die Füße auf den Tisch, belohnen Sie ihn und geben dabei das Kommando „Füße hoch". Belohnen Sie das Verharren in dieser Position, bis Sie irgendwann hinter den Hund treten können, um die Hinterbeine anzuheben. Sollte sich Ihr Aussie gar nicht motivieren lassen, die Vorderfüße auf den Tisch zu stellen, helfen Sie nach und stellen sie rauf.

*Die junge Hündin hat gelernt, ruhig auf dem Trimmtisch zu stehen und wartet auf ihre Pflege.*

## DAS FELL

Der Aussie hat ein zweischichtiges Fell. Das Deckhaar ist von moderater Länge und die weiche, flaumige Unterwolle entwickelt sich bis zum Erwachsenwerden des Hundes. Die Unterwolle kann mitunter sehr ausgeprägt sein und sollte regelmäßig ausgebürstet werden. Bitte nehmen Sie Abstand von dem Gedanken, Ihren Aussie jemals scheren zu lassen! Das Deckhaar schützt vor Sonne, Nässe und auch Schmutz. Die Unterwolle sitzt direkt an der Haut und führt nur, wenn sie nicht regelmäßig ausgebürstet wird, dazu, dass das Fell nicht durchlüftet wird. Wie Sie bereits gelesen haben, schwitzen Hunde nicht über die Haut, sondern über das Hecheln und die Pfoten.
Bei einer Schur würde das Deckhaar entfernt werden und der wichtige Schutz vor den Umwelteinflüssen würde verloren gehen. Die tote Unterwolle hingegen würde auch nach einer Schur bleiben. Sie verschaffen Ihrem Aussie somit keine Erleichterung, sondern setzen ihn ungeschützt den Umwelteinflüssen aus, was verheerende Folgen haben kann. Um Ihrem Aussie also tatsächliche Erleichterung zu verschaffen, befreien Sie ihn von der toten Unterwolle, damit die Luft auf der Haut zirkulieren kann.

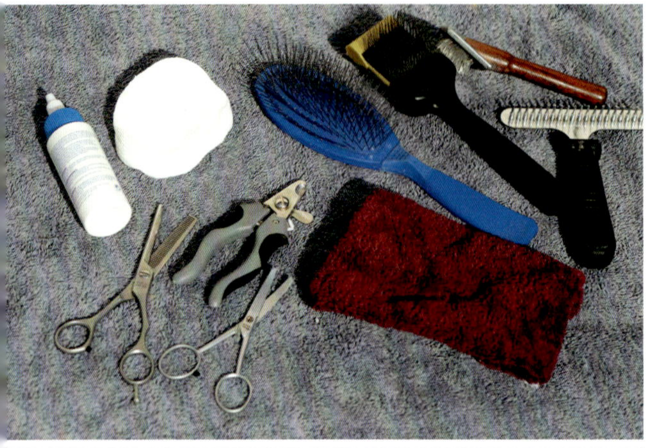

*Bevor Sie mit der Pflege Ihres Aussies beginnen, legen Sie sich das Equipment bereit.*

## FELLPFLEGE

Bevor Sie mit der Fellpflege beginnen, stellen Sie sicher, dass sich alle benötigten Utensilien in unmittelbarer Reichweite befinden. Platzieren Sie das Zubehör am besten auf dem Trimm- oder auf einem kleinen Beistelltisch.

### FELLPFLEGEZUBEHÖR

**Bürste/Haarbürste** mit langen abgerundeten Zähnen zum Auskämmen von Schmutz

**Zupfbürste** (groß und klein) zum Entfernen der losen Unterwolle und bei kleinen Knötchen

**Trimmstriegel oder Unterwollharke** zum Lösen von toter Unterwolle und zur Unterstützung des Fellwechsels

**Fellkamm** mit feinen und groben Zinken zum Entfilzen und bei kleinen Knötchen

Benutzen Sie zuerst die Haarbürste und beginnen Sie mit der Fellpflege am Hinterkopf des Hundes, um die Ohren herum, hinunter zum Hals und danach Brust und Vorderbeine. Bürsten Sie danach in langen Zügen vom Kopf bis zum Rutenansatz. Anschließend die Seiten am Brustkorb und zum Schluss die Hinterbeine mit den sogenannten „Hosen". Bürsten Sie immer in Wuchsrichtung des Fells. Das Bürsten gegen den Wuchs kann zum einen das Fell beschädigen und zum anderen mögen es die meisten Aussies nicht gern, weil es unangenehm ist und ziept. Um wirklich gründlich von losem Fell zu befreien, ist es hilfreich, das Fell mit der einen Hand zu teilen und mit der anderen zu bürsten. Wenn Sie sich der Unterwolle widmen, mit Unterwollharke oder Zupfbürste, achten Sie darauf, dass Sie nicht direkt auf der Haut bürsten. Die feinen Metallborsten könnten die Haut Ihres Aussies verletzen. Bürsten Sie daher vorsichtig und in kurzen Zügen. Zerren und Ziehen sind unnötig. Sollten Sie einmal

**RICHTIG BÜRSTEN**

Um Haarbruch zu vermeiden und die Bürste besser durch das Fell gleiten zu lassen, empfiehlt es sich, das Fell leicht zu befeuchten. Das können Sie ganz einfach mit einer mit Wasser befüllten Sprühflasche oder aber mit einem speziellen Fellpflege-Spray aus dem Fachhandel erledigen.

auf Widerstand und verfilzte Stellen stoßen, gehen Sie vorsichtig mit dem Kamm oder der kleinen Zupfbürste vor, um diese zu lösen. Wenn sich hartnäckige Knötchen nicht mehr entfernen lassen, hilft vermutlich nur der Griff zur Schere. Um beim Entfernen unschöne, harte Schnittkanten zu vermeiden, können Sie eine Effilierschere benutzen. Besondere Aufmerksamkeit sollten Sie den Haaren hinter den Ohren schenken. Diese Haare verfilzen aufgrund ihrer feinen Struktur relativ schnell. Besonders regelmäßiges Bürsten oder auch Ausdünnen mit einer Effilierschere schaffen hier Abhilfe.
Im Normalfall reicht es aus, wenn Sie Ihren Aussie einmal in der Woche gründlich bürsten. Besser ist jedoch die Variante, jeden Tag fünf Minuten für die Fellpflege aufzubringen.

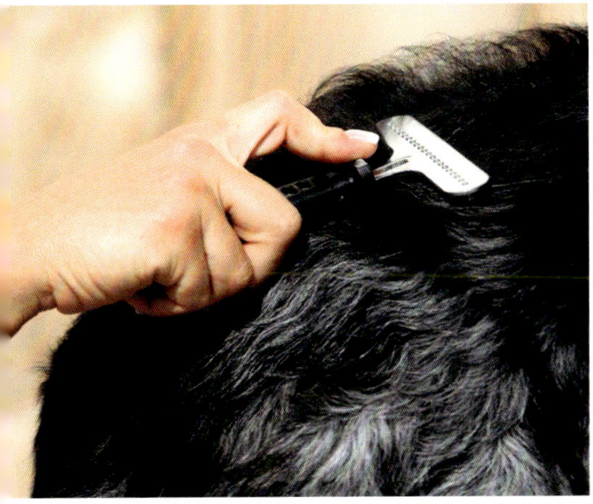

*Bürsten Sie das Fell in Wuchsrichtung, in langen Zügen vom Kopf bis zum Rutenansatz.*

Auf diese Weise stärken Sie das Vertrauen, vertiefen die Bindung, entdecken schneller Veränderungen, sorgen für ein glänzendes und gesundes Fell und reduzieren das Haaren auf ein Minimum. In jedem Fall ist die Fellpflege unverzichtbar für den Aussie. Regelmäßig gepflegt, stellt das Fell des Aussies keine besondere Herausforderung dar. Wie in allen Bereichen führt eine Vernachlässigung dazu, dass Sie Stunden der Pflege und dies womöglich über Monate brauchen werden, um wieder einen gesunden und schönen Zustand des Haarkleids herzustellen.

## FELLWECHSEL

Aussies wechseln ihr Fell in der Regel zweimal im Jahr. Meist setzt der Fellwechsel im Frühling und das zweite Mal im Herbst ein. Der Beginn des Wechsels ist von den Temperaturen und der Dauer des Tageslichts abhängig. Wenn es im Frühling langsam wärmer wird, werden Sie besonders häufig zum Besen oder Staubsauger greifen müssen, um die Haarflusen auf den Böden zu beseitigen. Das Abhaaren kann bis zu sieben Wochen dauern. Um die Betriebsdauer des Staubsaugers zu verkürzen, unterstützen Sie den Aussie in dieser Zeit durch regelmäßige Pflege. Durch das Bürsten fördern Sie die Durchblutung der Haut und das lose Haar kann leichter entfernt werden, damit das neue Fell nachwachsen kann.

### PROBLEME BEIM FELLWECHSEL

Durch die fast ausschließliche Wohnungshaltung von unseren Vierbeinern kann es vorkommen, dass manche Rassevertreter das ganze Jahr über Haare verlieren. Auch Hormone beeinflussen den Fellwechsel. Hündinnen haaren vor und während der Läufigkeit oftmals vermehrt. Auch bei kastrierten Aussies ließ sich feststellen, dass diese häufig über das ganze Jahr hinweg Haare verlieren. Das muss noch kein Grund zur Beunruhigung sein.

Bei älteren Hunden ist es kein Grund zur Sorge, wenn sich der Fellwechsel ein wenig in die Länge zieht. Aufgrund der Verlangsamung ihres Stoffwechsels muss man etwas mehr Geduld haben. Der Fellwechsel ist ein natürlicher Vorgang, der auch bei dem Verlust von zahlreichen Haaren keinen Grund zur Beunruhigung darstellt.
Das Fell Ihres Aussies ist immer auch ein Spiegelbild seiner Ernährung. Wird Ihr Hund nicht mit ausreichend Spurenelementen, Vitaminen oder Mineralstoffen versorgt, können schuppiges, glanzloses Fell oder auch Probleme beim Haarwechsel die Folge sein. Fellprobleme können außerdem auf eine ganze Reihe von Krankheiten hinweisen. Wenn Sie also eine starke Verzögerung des Fellwechsel, kahle Stellen oder andere Auffälligkeiten an Ihrem Aussie feststellen, sollten Sie dies aufmerksam beobachten und untersuchen lassen.
Die Pflege und damit verbundene Kontrolle des Fells dienen also nicht nur der Schönheit Ihres Hundes, sondern liefern Ihnen auch Informationen über den Gesundheitszustand. Achten Sie daher immer besonders auf die Fellbeschaffenheit.

## BADEN

Im Normalfall braucht Ihr Aussie kein Bad. Hat sich Ihr Hund jedoch ausgiebig in „wohlriechendem" Aas oder Pferdeäpfeln gesuhlt, kann es Ihrer Nase zuliebe unausweichlich werden, ihn zu baden. Im Sommer können Sie, wenn Sie die Möglichkeit dazu haben, Ihren Aussie problemlos mit dem Gartenschlauch abspülen. Achten Sie dabei auf die Wassertemperatur. Das Wasser sollte nicht eiskalt sein. Wenn Sie Ihren Aussie in der Wanne oder Dusche baden müssen, legen Sie vorab eine Anti-Rutschmatte oder ein Handtuch in die Bade- oder Duschwanne. Diese verhindern, dass Ihr Liebling auf der glatten Oberfläche ausrutscht, und zusätzlich vermeiden Sie unschöne Kratzer im Inventar. Vergessen Sie die nassen Fliesen als Rutschgefahr nicht. Auch hier empfiehlt es sich, den Boden vorab mit Handtüchern auszulegen. Beginnen Sie das Bad mit dem Durchnässen des Fells. Dies kann gerade bei Vertretern mit viel und dickem Fell ein Weilchen dauern. Wählen Sie zum Baden immer lauwarmes Wasser und niemals heißes. Überprüfen Sie die Temperatur vorab mit der Hand. Nachdem das Fell gut mit Wasser durchtränkt ist, verteilen Sie zwei Kleckse von speziellem Hundeshampoo in den Handflächen und schäumen Ihren Aussie nun sorgfältig von Kopf bis Fuß ein. Arbeiten Sie sich vom Kopf bis zur Schwanzspitze vor. Vergessen Sie dabei die Innenseiten der Beine und den Bauch

*Hundefell ist in der Regel selbstreinigend, manchmal ist ein Bad jedoch unverzichtbar.*

nicht. Den Bereich von Augen, Nase und Ohren sparen Sie aus, um zu vermeiden, dass Shampoo in die empfindlichen Bereiche eindringt. Reinigen Sie diese Partien besser mit einem feuchten Tuch. Nach dem Shampoonieren spülen Sie Ihren Aussie so gründlich ab, bis das Wasser wieder klar ist. Das Ausspülen ist der wichtigste Teil. Verbleiben Reste des Shampoos im Fell, kann es manchmal zu Hautirritationen kommen oder auch zu einem stumpfen Film auf dem Haarkleid.

### TROCKEN REIBEN

Nach dem Ausspülen sollten Sie Ihren Aussie das Wasser aus dem Fell schütteln lassen. Jetzt heißt es in Deckung gehen oder einen Regenmantel überziehen. Nach dem Schütteln beginnen Sie das Fell abzutrocknen. Dazu streichen Sie das Wasser vorsichtig in Wuchsrichtung mit einem Handtuch aus dem Fell Ihres Vierbeiners aus. Danach können Sie Ihren Aussie bei warmen Temperaturen an der Luft weiter trocknen lassen. Ein Föhnen ist im Regelfall nicht notwendig. Sollten Sie sich doch einmal entscheiden, Ihren Hund trocken zu föhnen, achten Sie darauf, dass das Gebläse gut eine Armlänge vom Fell entfernt ist und Sie den Föhn ständig in Bewegung halten. Damit vermeiden Sie, dass die Haut zu heiß wird oder es zu Schäden am Fell kommt. Bei Bedarf gibt es auch spezielle Hundeföhne.

# WIE GROOME ICH MEINEN AUSSIE?

## VOR DEM GROOMING

*Ein Aussie in seinem natürlichem Fellkleid, welches ohne weitere Pflege leicht hinter den Ohren verfilzt, an den Pfoten und der Befederung Platz für Schnee, Schlamm und Kletten bietet.*

## DIE VORDERBEINE

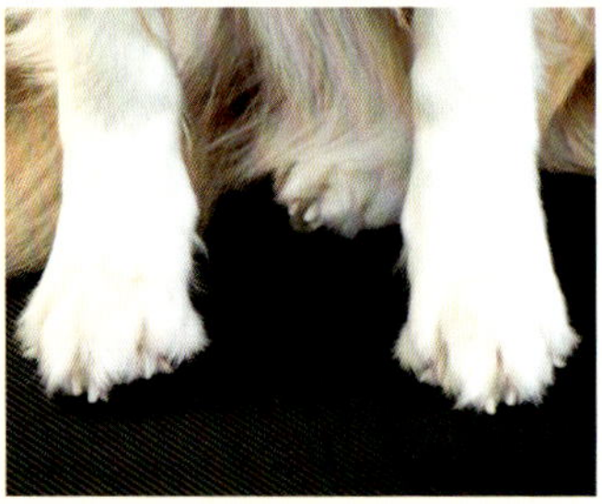

*Die Vorderpfoten vor dem Grooming. Die ovale Form ist kaum noch erkennbar und die Ballen vom Fell überwachsen.*

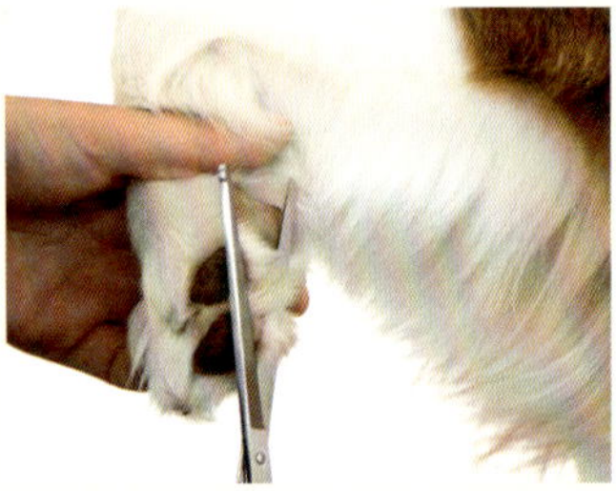

*Schneiden Sie vorsichtig überstehendes Fell an den Ballen mit einer Pfotenschere ab. Schneiden Sie das Fell dabei etwas kürzer als die Ballen hoch sind (auch in den Ballenzwischenräumen).*

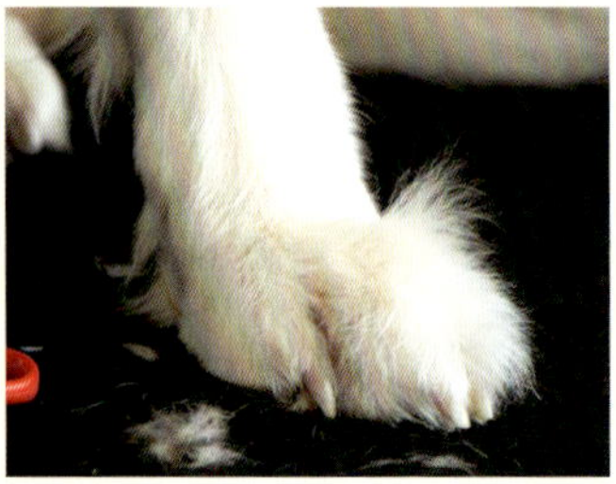

*Streichen Sie das Fell zwischen den Zehen mit dem Finger gegen den Strich heraus und anschließend stellen Sie das gesamte Fell mit einer kleinen Zupfbürste hoch.*

*Schneiden Sie das herausstehende Fell mit einer Effilierschere bis zur Länge der kürzeren Haare der Pfote ab. Bürsten Sie das Fell danach erneut auf und wiederholen Sie dies mehrfach.*

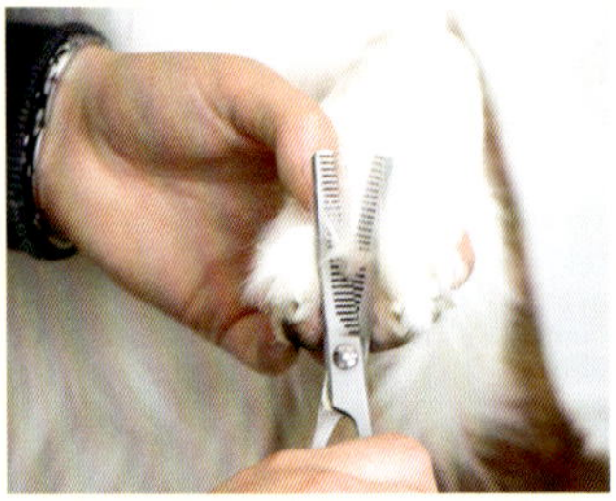

*Arbeiten Sie die Zwischenräume der Zehen nochmal gesondert nach.*

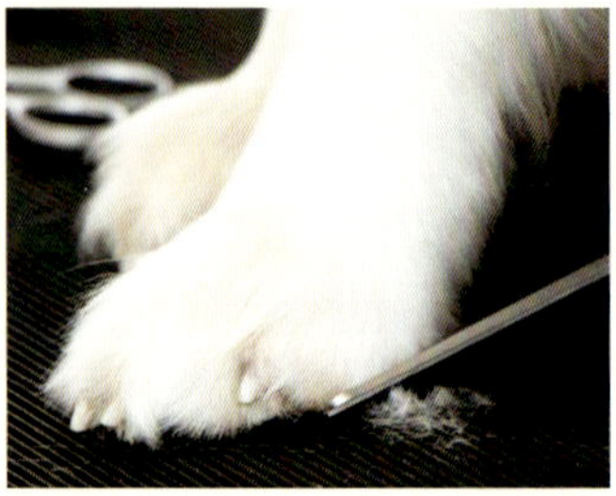

*Schneiden Sie mit der Pfotenschere die Kontur der Pfote nach.*

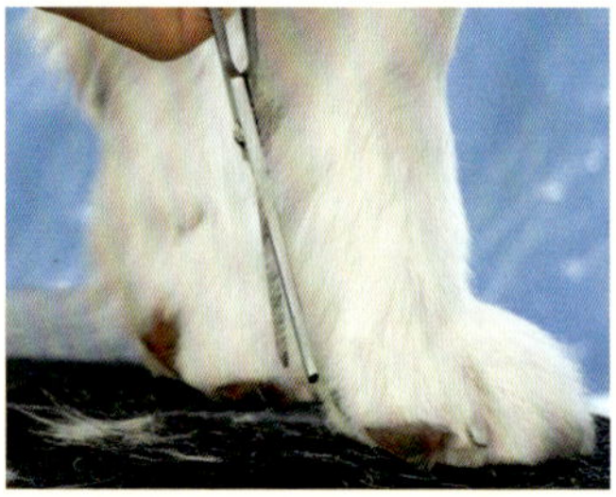

*Vom Handwurzelballen ausgehend kürzen Sie das Fell maßvoll mit der Effilierschere, bis eine gleichmäßige Kontur der Pfotenrückseite zu erkennen ist.*

## DIE HINTERBEINE

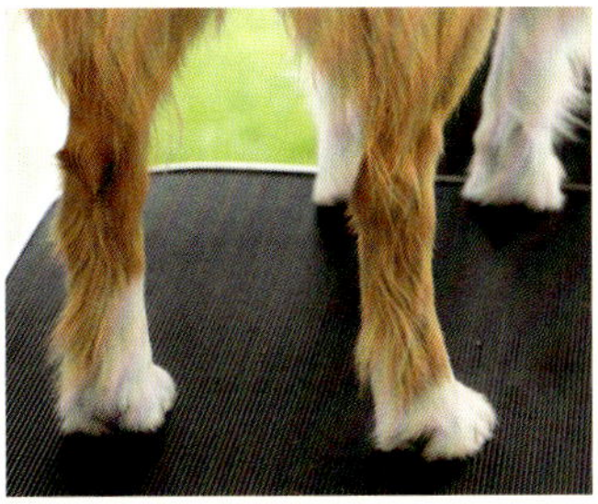

*Hier sehen Sie den ungeschnittenen Bereich zwischen Pfote und Sprunggelenk, welcher im Englischen als Hocks bezeichnet wird.*

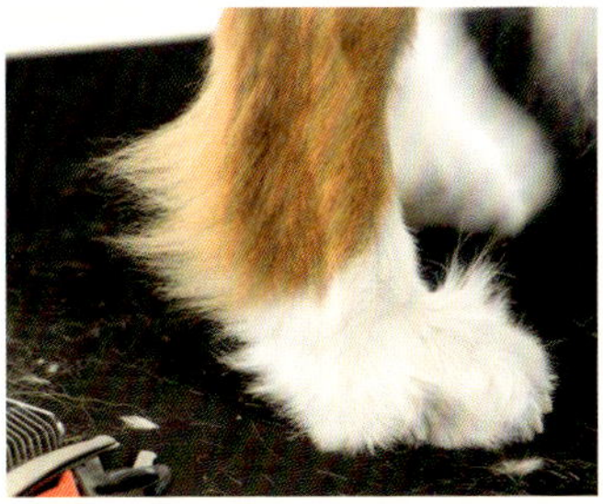

*Unter und auf der Hinterpfote gehen Sie genauso vor wie bei den Vorderpfoten. Danach bürsten Sie das Fell an den Hocks mit der kleinen Zupfbürste auf.*

*Bürsten Sie das gesamte Fell nach außen, fixieren Sie es mit Handballen und Daumen und schneiden Sie es gerade, parallel zum Bein, von unten nach oben mit der Effilierschere ab.*

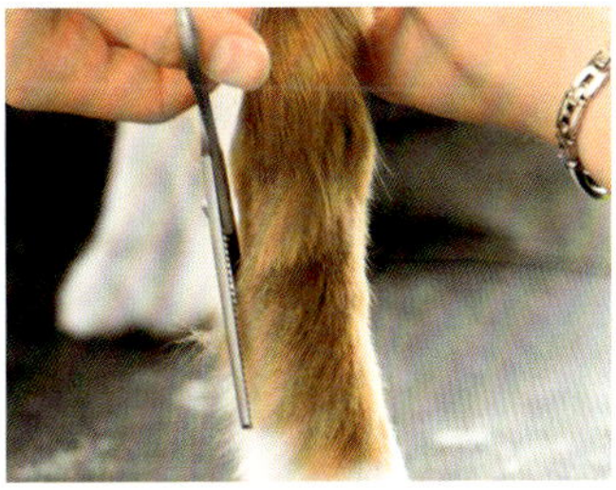

*Hier sehen Sie das nach innen gekämmte Fell, welches an Masse schon sichtbar verloren hat. Schneiden Sie dieses nun von oben nach unten mit der Effilierschere ab.*

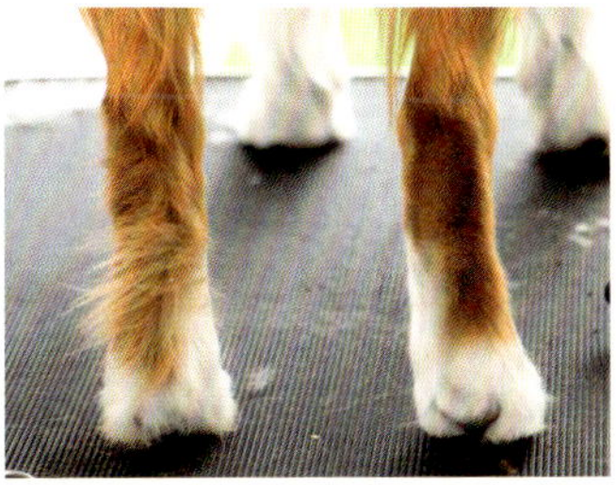

*Sie sehen hier den ungeschnittenen Hock im Vergleich zum geschnittenen, mit aufgebürstetem Haar.*

## DIE OHREN

*Sie sehen einen Aussie mit vollem Ohrenbehang. Dieses Fell neigt ungepflegt schnell zu Verfilzungen und sollte regelmäßig geschnitten werden, damit auch die natürliche Dreiecksform zu erkennen ist.*

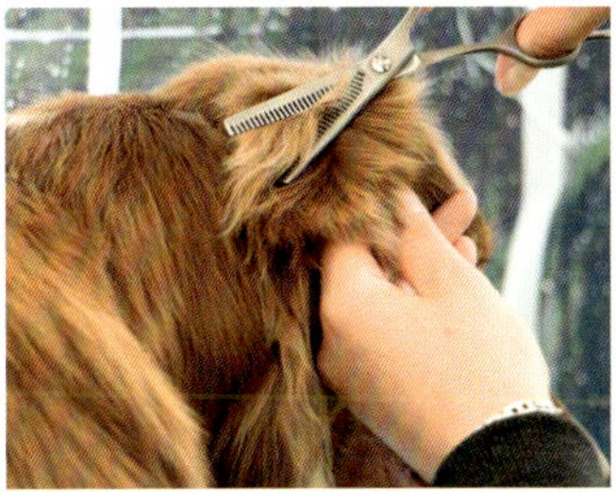

*Halten Sie das Ohr nach unten und bürsten Sie die Haare auf dem Ohr mit der Zupfbürste nach oben. Schneiden Sie diese mit der Effilierschere auf die Länge der angrenzenden Kopfbehaarung ab. Mehrmaliges Bürsten und Schneiden wird notwendig sein.*

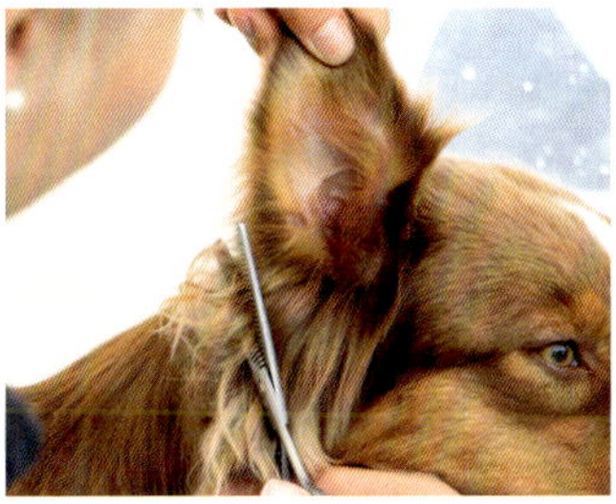

*Halten Sie das Ohr nach oben und dünnen Sie mit der Effilierschere in einer gerade Linie von der Ohrmuschel bis zum Halsansatz die Haare aus. Kürzen Sie danach noch die lange Haare an der Innenseite des Ohres mit der Effilierschere.*

*Regelmäßige Kontrolle hilft, Auffälligkeiten schnell zu entdecken.*

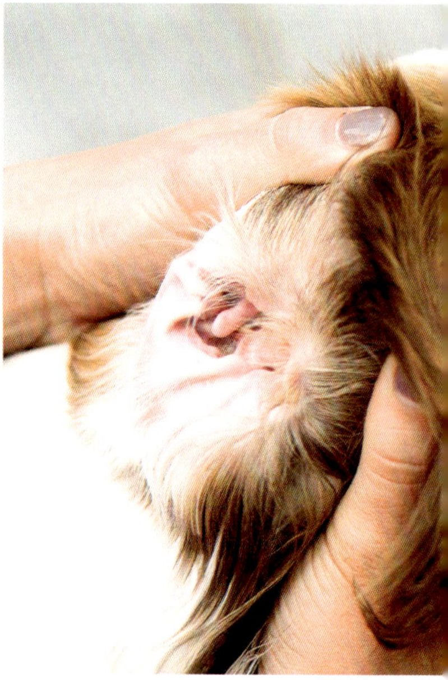

*Das Berühren der Ohren ...*

## AUGENPFLEGE

Blicken Sie Ihrem Aussie jeden Tag einmal tief in die Augen. Neben einem schelmischen Blick lassen sich manchmal in den Augenwinkeln Reste von getrockneter Tränenflüssigkeit finden. Nehmen Sie, um diese zu entfernen, ein feuchtes und fusselfreies Tuch und wischen das Sekret vom Auge wegstreichend ab. Sollten Sie bei Ihrer täglichen Kontrolle Auffälligkeiten (starke Rötungen, eitrigen Ausfluss oder Trübungen der Linse) entdecken, ist ein Besuch beim Tierarzt ratsam. Sorgen Sie dafür, dass Ihr Liebling keiner Zugluft ausgesetzt ist, um Bindehautentzündungen vorzubeugen.

## OHRENPFLEGE

Im Gehörgang Ihres Australian Shepherds ist es dunkel, warm und feucht. Ein idealer Platz also für Bakterien, Milben und Parasiten. Um Probleme mit den Ohren zu vermeiden, sollten Sie die Ohren regelmäßig kontrollieren und gegebenenfalls säubern. Ein gesundes Ohr riecht normal nach Hund, ist rosig und kann honigfarbenes Schmalz enthalten. Stellen Sie dagegen einen üblen Geruch, eine knusprig dunkle Substanz, starke Rötungen oder sogar Entzündungen fest, deutet dies auf eine Infektion des Ohrs hin. Häufig sind die Symptome auch von Kopf schieflegen, starkem Kratzen und Reiben der Ohren sowie allgemeinem Unbehagen begleitet. Ignorieren Sie diese Symptome nicht und suchen tierärztliche Hilfe auf. Unbehandelte Ohr-Infektionen können unter anderem zu dauerhaften Gehörschäden führen.

### OHREN REINIGEN

Wenn Sie Ihrem Aussie einmal selbst die Ohren reinigen müssen, nehmen Sie dazu ein speziell für Hunde entwickeltes Mittel. Entsprechend den Anwendungshinweisen des Herstellers tropfen Sie die empfohlene Menge in den Gehörgang und massieren anschließend eine gute halbe Minute ein, damit der Reiniger wirken kann. Wenn Sie fertig sind, lassen Sie Ihren Aussie den Kopf schütteln, damit die Reinigungslösung und der Schmutz hinausgeschleudert werden können.

... *sollte für den Hund zur Routine werden.*

Ist nur die Innenseite des Ohrs verschmutzt, reicht es, wenn Sie ein feuchtes Tuch nehmen und die Ohren immer vom Gehörgang weg reinigen. Benutzen Sie bitte keine Wattestäbchen. Schieben sich diese in den Gehörgang des Hundes, kann es zu Verletzungen kommen.

## KRALLENPFLEGE

Wenn Sie mit Ihrem Aussie häufiger auf rauem Untergrund unterwegs sind, erübrigt sich das Kürzen der Krallen in der Regel. Berühren die Krallen den Boden nicht, während Ihr Hund entspannt steht, haben sie die richtige Länge. Wenn Sie die Pfote Ihres Hundes hochhalten und die Kralle länger als der Ballen der dazugehörenden Zehe ist oder Sie beim Laufen Ihres Aussies ein „Klick, Klack, Klick" hören, dann wird es Zeit, die Krallen zu kürzen. Zu lange Krallen können zu Schmerzen beim Laufen und auch zu einer fehlerhaften Entwicklung des Gangbildes führen. Außerdem sind lange Krallen anfälliger einzureißen und abzubrechen.

Für die Krallenpflege benötigen Sie eine Krallenzange und eine Krallenfeile. Krallenzangen gibt es in verschiedenen Modellen. Um die Krallen Millimeter für Millimeter zu kürzen, eignet sich eine Guillotine-Krallenzange am besten. Mit dieser können Sie die Krallen scheibchenweise kürzen und sich langsam an „das Leben" der Kralle herantasten. Allerdings sind diese Modelle etwas schwieriger in der Handhabung, weil Sie die Kralle in eine Öse einführen müssen. Ihr Aussie muss dazu gelernt haben, sich während dieses Pflegerituals ganz ruhig zu verhalten. Dass Sie sich dem Leben in der Kralle nähern, erkennen Sie bei hellen Krallen zum einen am durchschimmernden rosa Leben und zum anderen an einem kleinen roten oder rosafarbenen Punkt, wenn man die Kralle von vorn betrachtet. Bei dunklen Krallen ist dieser Punkt grau bis schwarz. Ab dieser Stelle dürfen Sie die Kralle nicht weiter kürzen. Wenn Sie sich den Umgang mit einer Krallenzange nicht zutrauen, nutzen Sie die Krallenfeile. Bei dieser kürzen Sie Stück um Stück die Kralle, wie bei Ihren eigenen Nägeln, und laufen weniger Gefahr, in das Leben zu schneiden. Diese Variante dauert länger und setzt eine gute Kooperation Ihres Aussies voraus.

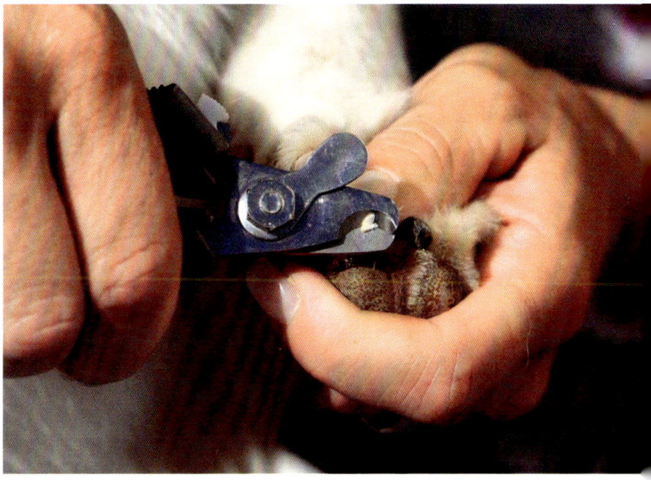

*Krallenschneiden wird notwendig, wenn die Krallen beim Stehen den Boden berühren.*

## PFOTENPFLEGE IM WINTER

Sobald das Land von Weiß bedeckt wird, bedarf es ein wenig mehr Pflege der Pfötchen. Wenn Sie vermeiden wollen, dass sich Eis und Schnee an den Pfoten sammeln und Ihr Aussie bald wie auf High Heels läuft, sollten Sie die Zwischenräume der Zehen mit einer Pfotenschere freischneiden. Zusätzlich empfiehlt es sich, die Ballen mit etwas Vaseline oder Melkfett einzureiben. Auf diese Weise können sich Schnee, Eis und auch Streusalz weniger festsetzen. Vermeiden Sie möglichst stark gestreute Wege. Nach dem Spaziergang sollten Sie die Pfoten mit maximal lauwarmem Wasser von den Schneeresten befreien. Ihr Aussie würde sich die Pfoten auch selbst trocken lecken, jedoch kann die Aufnahme von zu viel Streusalz zu Durchfall oder Erbrechen führen.

## GEBISSPFLEGE

Die regelmäßige Kontrolle des Gebisses gehört ebenfalls zur Pflege und Gesundheitsvorsorge Ihres Australian Shepherds. Wenn Ihr Aussie ausreichend Gelegenheit zum Benagen von fleischigen Knochen, Büffelhaut, Ochsenziemer oder anderen zahnreinigenden Kausnacks bekommen hat, ist Zahnpflege zur Vermeidung von Zahnbelag in aller Regel nicht notwendig.

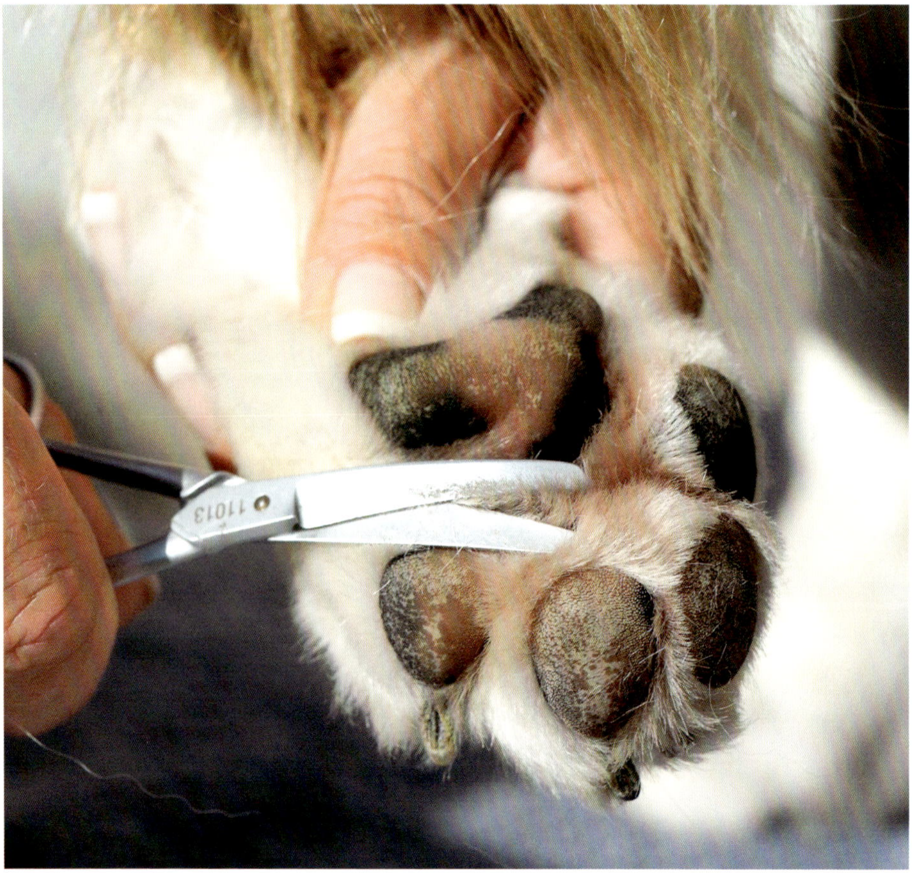


*Die Schere zur Pfotenpflege sollte vorn abgerundet sein, um Verletzungen zu vermeiden.*

Ihren Welpen oder Junghund an das Zähneputzen zu gewöhnen, ist trotzdem kein Fehler. Beginnen Sie Ihr Training damit, dass Sie die Lefzen hochziehen und das Zahnfleisch Ihres Hundes in kreisenden Bewegungen mit dem Finger massieren. Lässt Ihr Hund dieses Prozedere ruhig über sich ergehen, loben Sie ihn ausgiebig dafür. Sie können danach dazu übergehen, ein wenig Hunde-Zahnpasta auf den Finger zu geben und mit dem Finger über die Zähne zu gleiten. Lob darf natürlich auch hier nicht fehlen. Erst wenn Ihr Aussie verinnerlicht hat, dass Kontrolle und Berührungen seines Mauls und seiner Zähne etwas völlig Normales sind, gehen Sie dazu über, eine spezielle Zahnbürste für Ihren Hund zu verwenden. Im Handel finden Sie eine große Auswahl an verschiedenen Zahnbürsten. Bewährt haben sich Fingerzahnbürsten oder auch spezielle Fingerlinge. Auf diese geben Sie eine gut schmeckende Hundezahnpasta, zum Beispiel mit Hühnchengeschmack, und beginnen zuerst nur die vorderen Zähne zu putzen. Gönnen Sie Ihrem Hund danach eine kurze Pause, und widmen Sie sich anschließend weiteren Zähnen. Dehnen Sie dieses Training ruhig über mehrere Tage oder Wochen aus, bis Sie irgendwann alle 42 Zähne putzen können. Gestalten Sie diese Übung immer nur so lang, wie Ihr Hund entspannt mitmacht. Auf diese Weise wird Ihr Liebling schon bald nichts Unangenehmes mehr bei der Zahnpflege empfinden.

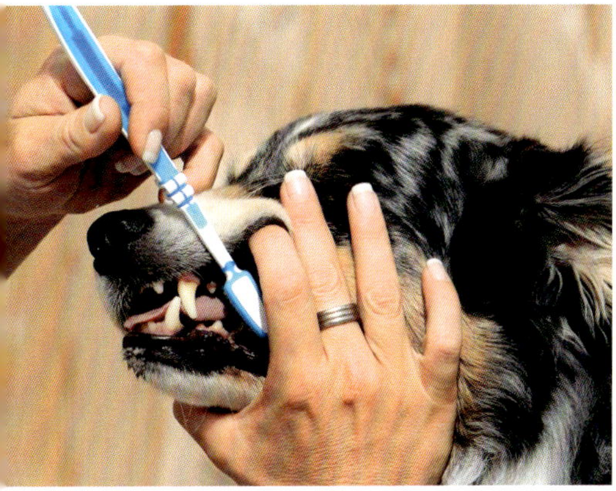

*Regelmäßige Zahnpflege schützt vor Zahnstein.*

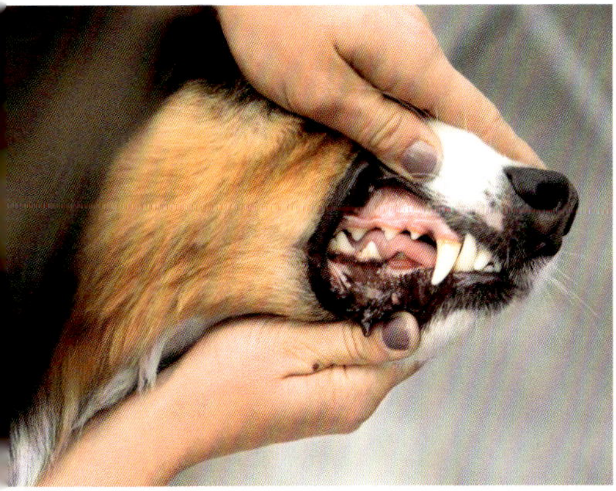

*Üben Sie mit Ihrem Aussie das „Zähne zeigen".*

**ZAHNSTEIN**

Lassen Sie starken Zahnstein von einem Tierarzt beurteilen und wenn notwendig entfernen. Aufgrund der in den Blutkreislauf eindringenden Bakterien und Keime kann Zahnstein schmerzhafte Zahnfleischentzündungen oder auch Entzündungen der inneren Organe zur Folge haben.

## ZAHNENTWICKLUNG

Die Milchzähne des Welpen brechen etwa in der 3. Woche durch. Bis zur 8. Lebenswoche kommen in der Regel alle 28 kleinen Beißerchen hervor. Bereits in der 14. Woche beginnen viele Aussies schon mit dem Zahnwechsel, der bis zum 8. Lebensmonat abgeschlossen sein sollte. Das Gebiss besteht dann aus 42 Zähnen. Stellen Sie zwischen dem 6. und 8. Lebensmonat fest, dass der Zahnwechsel gestört ist und die Milchzähne nicht ausfallen, suchen Sie einen Tierarzt auf. Verbleiben die Milchzähne im Gebiss, können die endgültigen Zähne unter Umständen nicht ihren richtigen Platz einnehmen und es kommt zu Zahnfehlstellungen.

# RUNDUM GESUND

Den Grundstein für ein langes und gesundes Aussieleben legen Sie mit einer optimalen Ernährung, angemessener Beschäftigung und guter Pflege. Ist Ihr Aussie glücklich und bekommt durch seine Nahrung alle Nährstoffe und Spurenelemente, die er braucht, kann das Immunsystem optimal arbeiten. Dennoch kann es vorkommen, dass Erkrankungen auftreten, bei denen Sie zusätzliche Maßnahmen ergreifen sollten.

## IMPFUNGEN

Achten Sie bei der Abholung Ihres Welpen darauf, dass die Grundimmunisierung ordnungsgemäß begonnen wurde und halten Sie die Termine für die Auffrischungs-Impfungen ein.
Der Bundesverband praktizierender Tierärzte (BPT) hat 2013 eine Impfempfehlung herausgegeben (siehe Tabelle). Nach dieser Empfehlung sollte Ihr Welpe bei Abholung gegen Virushepatitis (HCC), Staupe (S), Parvovirose (P) und Leptospirose (L) im Alter von acht Wochen geimpft worden sein. Die Kürzel im Impfpass Ihres Welpen geben Ihnen Aufschluss darüber, was geimpft wurde. Viele Züchter greifen auf eine 5-fach-Impfung zurück, in den meisten Fällen SHAPPi/L (Staupe, Hepatitis, Parvovirose, Parainfluenza und Leptospirose). Die Impfung gegen Para-

## ☞ IMPFEMPFEHLUNG

| ALTER | IMPFSTOFF | WIEDERHOLUNG |
|---|---|---|
| 8 Wochen | HCC, Leptospirose, Parvovirose, Staupe | Nach 3 – 4 Wochen |
| 12 Wochen | HCC, Leptospirose, Parvovirose, Staupe, Tollwut | Nach 3 – 4 Wochen |
| 16 Wochen | HCC, Parvovirose, Staupe, Tollwut | Nach 11 – 12 Monaten |
| 15 Monate | HCC, Leptospirose, Parvovirose, Staupe, Tollwut | Nach 12 Monaten |
| **GRUNDIMMUNISIERUNG ABGESCHLOSSEN** | | |
| Weitere Impfungen | Parvovirose, Staupe, HCC, Tollwut<br>Leptospirose<br>Parainfluenza | Nach 3 Jahren<br>Nach 1 Jahr<br>Nur bei Bedarf |

*Beginnen Sie bereits mit dem Welpen, entspannte Besuche beim Tierarzt zu trainieren.*

influenza (Pi) macht nur dann Sinn, wenn viele Kontakte zu Artgenossen, zum Beispiel in Welpengruppen, allgemein auf dem Hundeplatz stattfinden oder aber der Hund aus einer großen Zuchtanlage kommt.
Nach der abgeschlossen Grundimmunisierung braucht Ihr Aussie gegen Pi nur noch bei Bedarf nachgeimpft werden. Gegen Staupe, Parvovirose, Virushepatitis und nun auch Tollwut liegt die Empfehlung zur Auffrischung bei drei Jahren. Leptospirose sollte in gefährdeten Gebieten jährlich aufgefrischt werden. Die Impfintervalle sind von den verwendeten Präparaten abhängig. Zum aktuellen Zeitpunkt gibt es lediglich einen Impfstoff, der einen 3-jährigen Intervall laut Hersteller vorgibt. Bitten Sie Ihren Tierarzt, Impfstoffe von Herstellern zu verwenden, die einen möglichst langen Intervall bis zur Nachimpfung vorgeben.

## EKTOPARASITEN

### FLÖHE, LÄUSE, HAARLINGE

Flöhe und die Hunde-Laus saugen das Blut des Hundes. Haarlinge gehören zwar zur Gruppe der Läuse, ernähren sich jedoch von den Hautschuppen und Haaren des Hundes. Ein Befall mit diesen Ektoparasiten ist für Ihren Aussie sehr unangenehm und kann mitunter gefährliche Krankheiten übertragen. Sollten Sie einen Befall feststellen, konsultieren Sie Ihren Tierarzt und treffen weitere Maßnahmen.
Behandlungsmethoden: Haarlinge und Läuse kommen selten vor. Mit entsprechenden Maßnahmen sind sie gut in den Griff zu bekommen. Im Normalfall reicht ein Bad mit einem speziellen Shampoo (mit insektentötenden Wirkstoffen) aus, um Ihren Liebling von der Plage zu befreien. Sollten Sie also einen vermehrten Juckreiz sowie Hautveränderungen feststellen, suchen Sie rechtzeitig Ihren Tierarzt auf, um Sekundärinfektionen durch Knabbern und Beißen des Hundes zu vermeiden. Auch der Liegeplatz des Hundes und seine Umgebung sollten nach einem Befall gründlich gereinigt werden.

*Juckt sich ihr Aussie häufig, könnte das ein Hinweis auf Ektoparasiten sein.*

*Kontrollieren Sie das Fell Ihres Aussie nach jedem Spaziergang gründlich auf Zecken.*

Flöhe sind Parasiten, die sich vom Blut des Hundes ernähren. Auf dem Hund selbst befinden sich bei Befall die Flöhe im Erwachsenenstadium. Die Floheier verteilen sich durch die Bewegung des Hundes in seiner unmittelbaren Umgebung, also Ihrer Wohnung. Um Flöhe erfolgreich zu bekämpfen, müssen Sie nicht nur Ihren Aussie von den Parasiten befreien, sondern auch die gesamte Umgebung behandeln, in welcher sich der Hund normalerweise aufhält. Welche Behandlungsmethoden bei einem Flohbefall günstig sind, besprechen Sie am besten mit Ihrem Tierarzt. Unbehandelt kann ein Flohbefall die Haut entzünden und zu Haarausfall führen. Bei einem sehr starken Flohbefall besteht außerdem die Gefahr, dass Ihr Hund viel Blut verliert und sich daraus eine Blutarmut (Anämie) entwickelt. Weiterhin übertragen Flöhe Bandwurmlarven, welche, ebenso wie der Floh selbst, auf den Menschen übertragbar sind. Sorgen Sie deshalb lieber vor, sodass sich erst gar kein Parasit einnistet.

## ZECKEN

Ein besonderes Auge sollten Sie vom beginnenden Frühjahr bis zum Herbst auf Ihren Vierbeiner werfen. In dieser Zeit ist Hochsaison der Zecken. Die blutsaugenden Parasiten sind nicht nur lästig, sondern können auch sehr gefährlich für Ihren Aussie werden.
Es gibt mehrere Hundert verschiedene Zeckenarten. Die hierzulande am häufigsten anzutreffende Zeckenart ist der Gemeine Holzbock. Allerdings sorgen der Klimawandel und die damit einhergehenden milderen Winter dafür, dass sich mittlerweile auch in Deutschland die Auwaldzecke und die Braune Hundezecke immer weiter ausbreiten.
Der Gemeine Holzbock kann Krankheiten übertragen, die sowohl für Sie als auch Ihren Hund gefährlich werden können. Er ist unter anderem der Überträger der Lyme-Borreliose und Frühsommer-Meningoenzephalitis (FSME). Die Lyme-Borreliose, oft kurz nur als Borreliose bezeichnet, kann den gesamten

Organismus befallen und bleibende Schäden hervorrufen, wenn sie nicht rechtzeitig erkannt und ausreichend behandelt wird. Bei FSME handelt es sich um eine spezifische Entzündung der Hirnhaut, die bei Hunden allerdings recht selten auftritt.
Der Gemeine Holzbock ist auch immer häufiger mit Bakterien aus der Gruppe der Rickettsiaceae infiziert. Diese Erreger können eine granulozytäre Ehrlichiose (Anaplasmose) verursachen. Bei dieser Erkrankung werden bestimmte Typen weißer Blutkörperchen zerstört.

### BORRELIOSE

In Deutschland existieren verschiedene bakterielle Erreger, die Borreliose verursachen. Der bisher erhältliche Impfstoff richtet sich allerdings nur gegen einen dieser Erreger. Ein Schutz vor der Erkrankung ist damit mehr als zweifelhaft. Das Beste, was Sie also gegen Borreliose tun können, ist Vorbeugung gegen Zecken, die die Erreger übertragen.
Prophylaxe: Suchen Sie Ihren Aussie in der Zeckensaison nach jedem Spaziergang ausgiebig nach den Parasiten ab. Eine geeignete Zeckenvorbeugung ist ebenso ratsam. Die Möglichkeiten dafür reichen von Spot-on-Präparaten über spezielle Ungezieferhalsbänder bis hin zu homöopathischen Vorbeugemaßnahmen.
Bei der Verwendung von Spot-ons wird der Wirkstoff auf die Haut am Nacken und Rutenansatz geträufelt. Diese Präparate enthalten meist Permethrin (gegen Zecken), Imidacloprid, Moxidectin (beide gegen Flöhe) oder eine Kombination aus zwei dieser Chemikalien. Um einen ausreichenden Schutz vor Zecken zu gewährleisten, muss das Mittel im Abstand von drei bis vier Wochen erneut aufgetragen werden. Reagiert Ihr Hund nach dem Auftragen des Spot-on-Präparats mit Überempfindlichkeit, sollten Sie die ölige Flüssigkeit schnellstmöglich durch Abtupfen (nicht waschen) entfernen.
Ungezieferhalsbänder sind meist mit Deltamethrin bestückt. Die Wirkungsdauer ist vom verwendeten Produkt abhängig. Im Durchschnitt sollen die Halsbänder bis zu drei Monaten vor Zeckenbefall schützen. Sollten Sie hier eine Überempfindlichkeit feststellen, können die Halsbänder einfach wieder abgenommen werden.
Wenn Sie sich für eine chemische Vorsorge entscheiden, bedenken Sie, dass es sich dabei immer um Nervengifte handelt, die auch Ihren Hund belasten. Ihre Devise sollte deswegen „So viel wie nötig, so wenig wie möglich“ lauten.
Als naturheilkundliche Maßnahmen werden Bernsteinketten, Schwarzkümmelöl, Kokosöl, verschiedene Mixturen aus ätherischen Ölen oder Cistus vorgeschlagen. Jede einzelne Maßnahme hat einigen Hunden geholfen, bei anderen zeigte sie keine Wirkung. Bisher gibt es leider keine wissenschaftlichen Langzeitstudien, die den Erfolg einer Maßnahme dokumentieren können.
Es gibt zahlreiche Möglichkeiten, gegen Zeckenbefall vorzugehen. Jeder Aussie wird anders auf die verschiedenen Mittel reagieren. Finden Sie heraus, welches Mittel für Ihren Hund das richtige ist! Hat sich trotz aller Vorsichtsmaßnahmen einmal eine Zecke festgebissen, entfernen Sie diese schnellstmöglich mit einem Zeckenhaken.

## ENDOPARASITEN

Hierzulande sind es vor allem Spul-, Haken-, Peitschen- und Bandwürmer, welche die Gesundheit Ihres Australian Shepherds beeinflussen können.
Die Symptome eines starken Wurmbefalls können beispielsweise stumpfes Fell, Abmagerung, Verdauungsstörungen, Leistungsschwäche und ein geblähter Bauch sein. Würmer können Ihren Vierbeiner durch den Entzug wichtiger Nährstoffe mitunter stark schwächen. Welpen sind deutlich gefährdeter als ältere Tiere, weil ihr Immunsystem noch nicht vollständig ausgereift ist, sie durch die Muttermilch immer wieder neue Würmer

aufnehmen und häufiger Kontakt zu ihrem Kot haben.
Um nur bei tatsächlichem Wurmbefall zu entwurmen, sind regelmäßige mikroskopische Kotuntersuchungen ratsam. Dazu werden über drei Tage Kotproben Ihres Hundes gesammelt und diese vom Tierarzt auf Würmer untersucht. Bei einem positiven Befund wird Ihr Hund anschließend entwurmt. Die Kosten hierfür liegen bei ca. 45 €.
In diesem Zusammenhang ist es wichtig zu wissen, dass Wurmkuren keine prophylaktische Wirkung haben. Das heißt, nur die zum Zeitpunkt der Anwendung im Hund vorhandenen Würmer werden beseitigt. Daher sind regelmäßige Kotuntersuchungen nötig. Beraten Sie sich dazu mit dem Tierarzt Ihres Vertrauens.
Beim Australian Shepherd muss in diesem Zusammenhang dringend auf den MDR1-Status hingewiesen werden (siehe Seite 80). Ist Ihr Aussie vom MDR1-Defekt betroffen, dürfen Wurmmittel mit Avermectinen (dazu zählt vor allem Ivermectin) nicht verabreicht werden!

*Frische Luft, ein Spiel mit Artgenossen und gemeinsame Ausflüge halten Ihren Aussie fit.*

## MAGEN-DARM-ERKRANKUNGEN

Damit Ihr Aussie rundum gesund bleibt, sollten Sie regelmäßig ein Auge auf seine Ausscheidungen haben. Die Häufigkeit, Farbe und Konsistenz können Ihnen wichtige Anhaltspunkte für eine sich anbahnende oder bereits eingetretene Krankheit liefern.

### DURCHFALL

Es gibt vielerlei Ursachen, die Durchfall auslösen können. Doch hauptsächlich sind es Ernährungsfehler wie zu schnelle Futterumstellung, zu fetthaltige Kost oder auch verdorbene Lebensmittel. Auch eine Futtermittelunverträglichkeit, Darmparasiten, Bakterien, Viren oder Nebenwirkungen von Medikamenten können mehr oder weniger dünnen Stuhl zur Folge haben. Der Durchfall ist dabei nur das Symptom einer Erkrankung und nicht die Erkrankung selbst.

Wenn der Durchfall nicht von Erbrechen begleitet, allzu stark, kein Blut beigemengt ist und nicht länger als 24 Stunden dauert, ist er in der Regel harmlos und kann mit einer Diät behandelt werden. Lassen Sie Ihren Aussie dazu einen Tag fasten, damit sich Magen und Darm entleeren können. Frisches Trinkwasser sollte ausreichend zur Verfügung stehen, damit es nicht zu einer Dehydrierung kommt.

Hat sich bei Ihrem Vierbeiner am nächsten Tag wieder etwas Hunger eingestellt, können Sie mit leichter Schonkost beginnen. Verteilen Sie diese am besten auf mehrere kleine Mahlzeiten über den Tag. Als Rezept für Schonkost hat sich Reis, gemischt mit Quark und gekochtem Hühnerfleisch (ohne Haut und Knochen) bewährt. Auch eine Möhrensuppe kann helfen, Ihren Vierbeiner wieder fit zu bekommen. Dazu kochen Sie 500g frische Möhren, mit Wasser bedeckt, gut eine Stunde. Sind die Möhren weich, gießen Sie die Hälfte des Wasser ab, pürieren den Rest und geben eine Prise Salz hinzu. Abkühlen lassen und servieren.

Durch das überlange Kochen der Möhren entstehen kleinste Zuckermoleküle, die Oligosaccharide. Diese sind in Ihrer Beschaffenheit den Darmrezeptoren sehr ähnlich, sodass die Bakterien an ihnen und nicht an der Darmwand andocken. Auf diese Weise werden sie dann einfach mit ausgeschieden.

## ERBLICH BEDINGTE KRANKHEITEN

Im Allgemeinen kann man Australian Shepherds als gesunde Rasse bezeichnen. Aber natürlich sind auch dem Aussie Erbkrankheiten nicht fremd. Das Vorkommen von erblich bedingten Erkrankungen hat in den letzten 20 Jahren zugenommen, was unter anderem mit dem gestiegenen Interesse, der fortschreitenden Technik und den verbesserten Diagnoseverfahren zusammenhängt. Oft ist es schwierig, Statistiken über erblich bedingte Krankheiten zu erstellen und ein repräsentatives Bild zu zeichnen, weil einige Züchter sich sträuben, ihr Wissen mit anderen zu teilen. Das Sammeln von aussagekräftigen Daten gestaltet sich somit kompliziert.

Die Vorsitzende des Australian Shepherd Health & Genetics Institute (ASHGI), C.A. Sharp, ist eine international anerkannte Expertin für die Genetik bei Hunden und Erbkrankheiten. Seit Mitte der 1980er-Jahre sammelt sie Daten über die Erbkrankheiten beim Australian Shepherd. Die häufigsten Probleme sind ihrer Meinung nach Allergien, Hüftgelenksdysplasie, Zahnfehler, Autoimmunerkrankungen, Krebs, Katarakt, Epilepsie, Kryptorchismus, Ellenbogendysplasie, Persistierende Pupillarmembran (PPM), Distichiasis, Progressive Retinaatrophie (PRA) und Collie Eye Anomaly (CEA). Wenn diese Probleme als die häufigsten betitelt werden, so heißt dies nicht, dass die meisten Australian Shepherds daran erkranken, sondern es bedeutet, dass diese Krankheiten prozentual am häufigsten bei der Rasse

*Nicht jede Krankheit lässt sich sofort erkennen, beobachten Sie Ihren Aussie deswegen gut.*

anzutreffen sind. Als Grundlage diente dabei der „Breed Health Survey" vom ASHGI, 2010. An dieser Studie nahmen 612 Aussies teil. Wenn nachfolgend von 4 % Häufigkeit die Rede ist, beziehen sich diese Prozentzahlen auf 612 Individuen, die stellvertretend für die gesamte Rasse stehen. Andere Gesamtstatistiken sind bisher leider nicht verfügbar und es wird vermutet, dass die Häufigkeit bei einigen Erkrankungen höher liegt.

**AUSTRALIAN SHEPHERD HEALTH & GENETIC INSTITUTE**

Das ASHGI wurde 2002 gegründet und hat seinen Sitz in Kalifornien, USA. Die Vorsitzende und Gründerin ist C.A. Sharp. Das Anliegen von ASHGI ist es, Besitzer und Züchter von Australian Shepherds über die genetischen Voraussetzungen der Rasse und Erbkrankheiten zu informieren, mit denen die Rasse konfrontiert ist. ASHGI arbeitet unabhängig, aber auch in Zusammenarbeit mit Forschern, Aussievereinen, Kynologenverbänden, Gesundheitsorganisationen und Stiftungen, die Mittel für die genetische Forschung an Hunden zur Verfügung stellen. Weitere Informationen finden Sie unter www.ashgi.org

## ERBLICHE AUGENERKRANKUNGEN

### KATARAKTE

Katarakte zählen mit 4 % zu den verbreitetsten Augenerkrankungen der Rasse. Sie werden auch als „Linsentrübung" oder „Grauer Star" bezeichnet. Je nachdem, wie weit sich die Trübung der Linse ausgedehnt hat, ist das Sehvermögen gering bis sehr stark beeinträchtigt. Meist entwickeln sich die Trübungen und damit verbundenen Einschränkungen der Sehfähigkeit langsam und über einen längeren Zeitraum. Betroffene Hunde fangen an, sich vorsichtiger oder auch unsicher zu bewegen und können in einem fortgeschrittenen Stadium auch in Gegenstände laufen sowie im Endstadium erblinden. Zuchttiere sollten darauf untersucht werden.

Die Katarakte erkennen Sie daran, dass die Pupille gräulich-weiß erscheint, da sich die dahinter liegende, im gesunden Zustand farblos Linse grau-weiß eintrübt. Von der Katarakt muss die Alterstrübung (Nukleosklerose) der Linse unterschieden werden. Diese erscheint ähnlich dem Grauen Star, führt jedoch nicht zur Erblindung.
Katarakte können ein- oder beidseitig auftreten. Wenn sich keine eindeutigen Hinweise auf eine andere Ursache wie Verletzungen, Zuckerkrankheit oder Entzündungen für die Trübung finden lassen, wird die Katarakt als erblich bedingt angesehen. Die einzige Möglichkeit zur Therapie ist die Operation. Bei dieser wird die erkrankte Linse entfernt und durch eine Kunstlinse ersetzt. Medikamente, die eine Katarakt revidieren oder aufhalten können, sind bisher nicht bekannt. Da Katarakte häufig erst im fortschreitenden Stadium von den Hundebesitzern erkannt werden, empfiehlt es sich, seinen Aussie jährlich von einem Fachtierarzt für Augenheilkunde oder von einem Arzt des Dortmunder Kreises (DOK) untersuchen zu lassen.

*Lassen Sie Ihren Aussie regelmäßig von einem Fachtierarzt für Augenheilkunde untersuchen.*

## PERSISTIERENDE PUPILLARMEMBRAN (PPM)

Ein Welpe kommt mit geschlossenen Augen – blind – zur Welt. Im Mutterleib sind die Linse und Iris von einem Blutgefäßnetz umgeben, das sich bis zur Öffnung der Augen zurückgebildet haben sollte. Als PPM werden fadenartige Reste dieser embryonalen Gefäßversorgung bezeichnet. Diese Gefäßreste können sich im Bereich der Iris, von Iris zu Linse oder von Iris zur Hornhaut aufspannen. Bei den Aussies tritt am häufigsten die Form innerhalb der Iris auf (3 %), welche kaum Auswirkungen auf das Sehvermögen hat.
In den beiden anderen Formen können Trübungen und Einschränkungen der Sehfähigkeit auftreten. Eine Therapie der PPM ist lediglich in den Fällen in Erwägung zu ziehen, in denen das Sehvermögen massiv beeinträchtigt ist. Eine Entfernung der Linse oder eine Hornhauttransplantation stehen als medizinische Eingriffe zur Verfügung. Eine Hornhauttransplantation sollte wohlüberlegt sein, denn sie ist mit erheblichen Risiken verbunden.

## DISTICHIASIS

Distichiasis wird auch als zweite Wimpernreihe bezeichnet. An den eigentlich unbehaarten und glatten Lidrändern des Auges wachsen Wimpern oder Haare. Diese Haare können ganz fein, aber auch borstig sein und wachsen häufig in Richtung des Auges, seltener vom Auge weg. Obwohl die Haare vermutlich angeboren sind, müssen sie nicht bereits im Welpenalter vorhanden sein. Die meisten Distichien werden innerhalb der ersten zwei Lebensjahre entdeckt und treten bei ca. 3 % der Australian Shepherds auf.
Die nach innen wachsenden Haare reizen beim Augenschluss die Hornhaut. Das kann zu roten und tränenden Augen und langfristig zu Hornhautveränderungen führen. Verletzungen und Veränderungen der Hornhaut sind für Ihren Aussies sehr schmerzhaft. Das zeigt sich darin, dass er krampfhaft

versucht, das Auge geschlossen zu halten oder aber beginnt, es mit den Pfoten oder an Gegenständen zu reiben.
Sollten die Augen durch die Distichien ständig gereizt werden, ist eine Entfernung unumgänglich. Dafür stehen verschiedene Operationstechniken zur Verfügung.

### COLLIE EYE ANOMALY (CEA)

CEA ist eine Erbkrankheit, bei welcher es zu Netzhautveränderungen des Auges kommt. Etwa 1 % der Aussies sind davon betroffen. CEA wird autosomal-rezessiv vererbt. Das heißt, sowohl Vater als auch Mutter müssen das mutierte Gen in sich tragen. Die Eindämmung der Krankheit ist sicherlich den verfügbaren Gentests zu verdanken. Durch diese können Träger (nicht selbst erkrankte Hunde) ermittelt werden und den Züchtern eine wichtige Hilfestellung zur Auswahl ihrer Zuchttiere liefern.
Die CEA kann unterschiedlich schwer verlaufen. In einigen Fällen sind die Veränderungen der Netzhaut so gering, dass die Krankheit sogar unbemerkt verläuft. In den schweren Fällen kommt es zu Blutungen an der Netzhaut, was eine Netzhautablösung zur Folge haben kann. In diesem schwerwiegenden Fall würde der Aussie erblinden. Der Schweregrad der Erkrankung verändert sich im Laufe des Lebens nicht. Sollte Ihr Hund von einer leichten CEA betroffen sein, wird er auch im späteren Alter nicht daran erblinden.
Um eine CEA rechtzeitig zu entdecken, ist es äußerst wichtig, dass Welpen von einem Fachtierarzt für Augenheilkunde oder Mitglied des DOK bis zur 8. Lebenswoche untersucht werden. Danach wird die CEA von Pigmenteinlagerungen überdeckt. Träger der CEA können dann noch über Gentests ausfindig gemacht werden. Achten Sie deshalb bei der Abholung Ihres Welpen darauf, dass Ihnen die Untersuchungsergebnisse des Augenchecks mitgegeben werden.

### PROGRESSIVE RETINA ATROPHIE (PRA)

PRA ist eine Augenerkrankung, bei der es zum Netzhautschwund kommt. Es treten unterschiedliche genetische Formen auf. Beim Australian Shepherd wurde die Form der prcd-PRA (progressive rod-cone degeneration PRA) am häufigsten beobachtet. Bei dieser werden erst die Stäbchen und danach die Zapfen des Auges strukturell und funktionell zerstört. Die Erkrankung kommt mit 1 % jedoch relativ selten vor.
Das erste Symptom, welches ein Aussiebesitzer bei einer prcd-PRA seines Hundes feststellen wird, ist Nachtblindheit. Der Prozess schreitet dann über Monate oder Jahre fort, bis der Hund vollständig erblindet. Auch diese Krankheit wird autosomal-rezessiv vererbt. Ein Gentest steht seit einigen Jahren zur Verfügung, sodass auch diese Krankheit langsam eingedämmt werden kann, da Träger des mutierten Gens frühzeitig entdeckt werden können.

## ERBLICHE SKELETT-ERKRANKUNGEN

### HÜFTGELENKS-DYSPLASIE (HD)

HD ist eine chronische und schmerzhafte Fehlentwicklung des Hüftgelenks. Sie kann ein- oder beidseitig auftreten und entwickelt sich in der Zeit von der Geburt bis zum Alter von 1,5 Jahren. Bei einer HD liegt der Oberschenkelkopf nicht tief genug in der Hüftpfanne und ist locker. Durch die entstehende Reibung bilden sich Knorpel und Knochen zurück und so kommt es zu arthrotischen Veränderungen (Gelenkverschleiß). Dieser ist äußerst schmerzhaft für die betroffenen Hunde.
Die Symptome einer HD variieren und richten sich danach, wie schwer der Hund erkrankt ist. Bei Junghunden fällt meist auf, dass sie viel liegen und sich selten freiwillig an Aktivitäten beteiligen mögen, da Bewegungen ihnen Schmerzen zufügen. Bei Senioren potenzieren

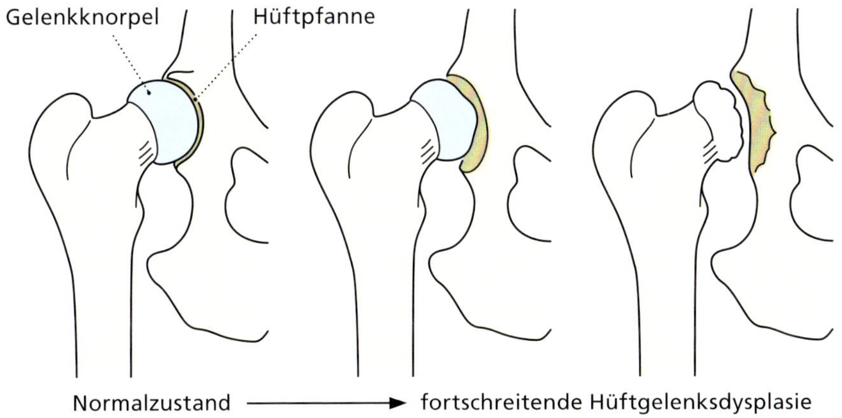


*Bei einer gesunden Hüfte liegt der Oberschenkelkopf tief und locker in der Hüftpfanne. Bei einer HD kommt es zu arthrotischen Veränderungen.*

sich die Symptome. Bei ihnen wird das Gangbild immer instabiler, die Muskeln an den Hinterbeinen bilden sich zurück und das Aufstehen fällt ihnen immer schwerer.
HD ist eine Entwicklungsstörung und wird durch viele verschiedene Faktoren beeinflusst. Es sind mehrere Gene (polygenetisch) für die Ausbildung verantwortlich und sie wird als erblich betrachtet. Wie hoch die erbliche Komponente ist, ist immer noch umstritten, aber durch eine sorgfältige Auswahl der Zuchttiere kann diese Krankheit in ihrer Verbreitung nachweislich eingedämmt werden. Aus diesem Grund ist in den meisten Zuchtvereinen für Australian Shepherds eine Röntgenuntersuchung der Hüfte vorgeschrieben. Die Röntgenbilder werden anschließend von einem anerkannten Spezialisten der Rasse ausgewertet und beurteilt (siehe Tabelle). Zur Zucht herangezogen werden sollten nur Hunde mit einem Ergebnis von HD-frei bis zur Übergangsform.

## ☞ **BEURTEILUNG** DES HÜFTGELENKS

| | DEUTSCHLAND | OFA (ORTHOPEDIC FOUNDATION FOR ANIMALS) |
|---|---|---|
| HD-frei | A1<br>A2 | Excellent<br>Good |
| Übergangsform | B1<br>B2 | Fair<br>Borderline |
| Leichte HD | C1<br>C2 | Mild |
| Mittlere HD | D | Moderate |
| Schwere HD | E | Severe |

Neben der Vererbung gibt es weitere Faktoren, welche die Entwicklung einer HD begünstigen können. Gerade bei Junghunden können zu schnelles Wachstum, Übergewicht, Fehl- und Überbelastungen die Krankheit fördern. Vermeiden Sie also mit Ihrem jungen Aussie Dauerbelastungen wie beispielsweise langes Laufen am Fahrrad. Auch das Toben und Rennen auf rutschigen Böden sollte, ebenso wie das Springen auf harten Böden, vermieden werden.

## ELLENBOGENDYSPLASIE (ED)

ED beinhaltet mehrere wachstumsbedingte Erkrankungen des Ellbogengelenkes beim Hund. Bei allen kommt es zu Fehlbildungen des Gelenkes. Davon betroffen sind etwa 4 % der Aussies. Die Ursachen von ED sind ebenso vielfältig wie bei HD und noch nicht vollständig geklärt. Eine genetische Komponente gilt jedoch als gesichert.
Damit sich der Ellenbogen reibungsfrei bewegen kann, müssen die Gelenkflächen des Oberarmknochens, der Elle und Speiche exakt zusammenpassen und von einer gesunden Knorpelschicht bedeckt sein. Kommt es zu Fehlbildungen am Gelenk oder wird der Knorpel durch Überlastungen geschädigt, sind Gelenkentzündungen und, langfristig gesehen, Arthrosen die Folge. Diese verursachen Schmerzen und führen unweigerlich zu Lahmheit. Wenn beide Ellenbogen von Fehlbildungen betroffen sind, sind beim Hund meist ein steifes Gangbild sowie kurze Schritte zu erkennen. Die Symptome können sich langsam entwickeln, aber auch ganz plötzlich auftreten. Da ED meist mit dem Wachstum einhergeht, treten die Symptome häufig

*Ein gesunder Aussie bewegt sich freiwillig, gern und viel und zeigt ein harmonisches Gangbild.*

zwischen dem 5. und 8. Lebensmonat auf. Äußern sich die ersten Krankheitsanzeichen beim Hund, dann haben bereits arthrotische Veränderungen stattgefunden. Diese sind nicht mehr rückgängig zu machen. Die Behandlung der ED zielt also darauf ab, dem Hund die Schmerzen zu nehmen und, wenn möglich, ein Fortschreiten der Arthrosen zu verhindern. Als medizinische Möglichkeiten stehen Medikamente, Physiotherapie, alternative Heilverfahren und die Chirurgie zur Verfügung.

## AUTOIMMUN-ERKRANKUNGEN

Beim Australian Shepherd sind einige Autoimmunerkrankungen bekannt und kommen relativ häufig vor. Als Autoimmunerkrankungen bezeichnet man vereinfacht gesagt Fehlfunktionen des Immunsystems: Es ist nicht mehr in der Lage, eigene Zellen von fremden zu unterscheiden und beginnt, diese zu bekämpfen. Die Entstehung von Autoimmunerkrankungen ist noch nicht vollständig geklärt. Es wird davon ausgegangen, dass es sich um eine Kombination von inneren und äußeren Faktoren handelt. Gene, aber auch Stress, Viren, Tumore oder Medikamente können Auslöser sein. C.A. Sharp benennt die folgenden Autoimmunerkrankungen als die häufigsten beim Australian Shepherd: autoimmune Hypothyreose, chronisch entzündliche Darmerkrankungen, Lupus und Pemphigus.

### AUTOIMMUNE HYPOTHYREOSE (SCHILDDRÜSENUNTERFUNKTION)

Bei einer autoimmunen Schilddrüsenunterfunktion greift das Immunsystem das Schilddrüsengewebe an und zerstört es. Da die Schilddrüse am gesamten Stoffwechsel beteiligt ist, können die Symptome für eine Unterfunktion sehr vielfältig sein. Häufig fallen bei betroffenen Hunden Trägheit, Erschöpfungszustände, Stimmungsveränderungen, Krämpfe, Muskelschwächen oder Haarausfall auf. Viele weitere Symptome sind möglich, was die Diagnostik erschwert. Die genannten Anzeichen können auch bei anderen Erkrankungen auftreten, weswegen eine gründliche Anamnese und verschiedene Untersuchungen sehr wichtig sind. Sollten Sie bei Ihrem Aussie vermehrt unerklärliche Verhaltensveränderungen und/oder unspezifische Symptome feststellen, ist es ratsam, die Schilddrüse untersuchen zu lassen. Besteht der Verdacht auf eine Schilddrüsenunterfunktion, reicht es zur Diagnostik nicht aus, wenn Ihr Tierarzt einen einzelnen Wert, beispielsweise den T4-Wert, ermittelt. Um eine sichere Diagnose zu erhalten, lassen Sie eine komplette Anamnese, ein Organprofil, ein großes Blutbild und ein Schilddrüsenprofil von Ihrem Hund machen. Suchen Sie dafür am besten einen Tierarzt auf, welcher im Bereich Endokrinologie arbeitet. Richtig erkannt und kompetent behandelt stellt die Schilddrüsenunterfunktion mit entsprechender Medikation eine gute Prognose mit normaler Lebenserwartung Ihres Aussies dar.

### CHRONISCH ENTZÜNDLICHE DARMERKRANKUNGEN

Das Hauptsymptom für eine chronisch entzündliche Darmerkrankung ist das Ausscheiden von blutigem und schleimigem Durchfall. Damit verbunden sind oft Bauchkrämpfe, Erbrechen und Gewichtsverlust. Die Erkrankung schreitet in Schüben voran und beginnt meist damit, dass der Hund häufiger Kot absetzen muss, der in aller Regel zunehmend weicher und schleimiger wird, bis fast nur noch blutiger Schleim ausgeschieden wird. Durch die entzündete Darmschleimhaut schreiten meist weitere entzündliche Prozesse im Körper des Hundes voran. Diese werden sehr häufig von hohem Fieber begleitet. Um der chronischen Entzündung Einhalt zu gebieten, werden das Fieber und die Entzündungen als Erstes behandelt. Je nachdem wie schwerwiegend die Erkrankung ist, erhalten die Hunde zusätzliche

Medikamente, die unter anderem das Immunsystem regulieren. Eine Heilung ist bisher leider nicht möglich. Wie auch bei anderen Erkrankungen kann man jedoch den Schweregrad verringern und den Zeitraum zwischen den Schüben ausdehnen.

### DISKOIDER LUPUS ERYTHEMATOSUS (DLE)

Die Lupus-Erkrankungen attackieren die Zellkerne. Gegen diese werden Antikörper gebildet, die im Blut messbar sind. Der DLE beschränkt sich jedoch meist auf wenige Hautbereiche und breitet sich nicht wie die aggressive Form des systemischen Lupus auf die Organe aus.

Hauptsächlich tritt diese Hautform des Lupus am Nasenspiegel auf. In seltenen Fällen können aber auch die Haut-Schleimhaut-Übergänge an den Augen, Ohren oder Maul betroffen sein. Die typischen Hautveränderungen des DLE sind Pigmentverlust und Hautrötungen auf dem Nasenspiegel. Im weiteren Krankheitsverlauf ändert sich die Struktur der Nase. Die kleinen Furchen des Nasenspiegels verstreichen sich durch ein Ödem und erscheinen nun glatt. Beim weiteren Fortschreiten bilden sich Krusten und Geschwüre an der Nase. Ehemals behaarte Stellen können auch von Haarausfall betroffen sein. Die Symptome der Erkrankung sind im Sommer ausgeprägter.

Sollte bei Ihrem Aussie mittels Biopsie DLE diagnostiziert worden sein, dann achten Sie im Sommer auf einen ausreichenden Schutz der Nase durch Sonnencreme. Wählen Sie dazu am besten eine wasserfeste Creme mit einem Lichtschutzfaktor über 20 und tragen Sie diese 15–20 Minuten vor dem Spaziergang auf.

Die Symptome des DLE sind fast identisch mit denen des Pemphigus Erythematosus (PE), wobei die Reaktion des Körpers hier gegen die Verbindungsstrukturen zwischen Hautzellen gerichtet ist. Dies erfordert eine andere Art der Therapie.

## EPILEPSIE

Als Epilepsie bezeichnet man allgemein das wiederholte Auftreten von Krampfanfällen, ausgelöst durch ausfallende Hemmmechanismen im Gehirn. Von solchen Krampfanfällen sind ca. 4 % der Australian Shepherds betroffen. Die Anfälle können bei Hunden die unterschiedlichsten Ursachen haben. Man unterscheidet zwischen primärer (idiopathischer) und sekundärer (symptomatischer) Epilepsie. Das Hauptmerkmal der primären Epilepsie ist die Erblichkeit. Sie ist somit genetisch bedingt. Bei der sekundären Epilepsie werden die Krämpfe durch eine frühere oder vorhandene Krankheit verursacht. Diese Form hat also eine indirekte Ursache. Aus diesem Grund bezeichnen Veterinäre die primäre Epilepsie häufig als „echte Epilepsie". Die Symptome der sekundären sind jedoch nahezu identisch. Die primäre Epilepsie tritt meist zwischen dem 1. und 3. Lebensjahr auf. Die sekundäre kann in jedem Alter auftreten.

Tierärzte unterscheiden außerdem verschiedene Erscheinungsformen: den generalisierten Anfall und den partiellen Anfall. Beim generalisierten Anfall liegt der Hund auf der Seite und ist nicht mehr ansprechbar. Meist verkrampft der gesamte Körper und die Beine beginnen zu rudern. Auch vermehrtes Speicheln sowie Kot- und Urinabsatz während eines Anfalls sind möglich. In der Regel verliert der Hund das Bewusstsein, da das gesamte Hirn betroffen ist. Trotz der Schwere dieser Anfälle empfindet der Hund dabei keine Schmerzen – ein kleiner Trost für Besitzer eines Hundes, der an generalisierten Anfällen leidet.

Beim partiellen Anfall treten unterschiedliche Erscheinungsformen auf. Es können einzelne Gliedmaßen zucken, Hals und Kopf können sich verdrehen, aber auch das Wiederholen von bestimmten Bewegungen ist möglich. Der Hund bleibt weiter ansprechbar, da nur ein Teil des Hirns betroffen ist. Wenn es zur komplexeren Form des partiellen Anfalls kommt, zeigt der Hund zusätzlich Verhaltens-

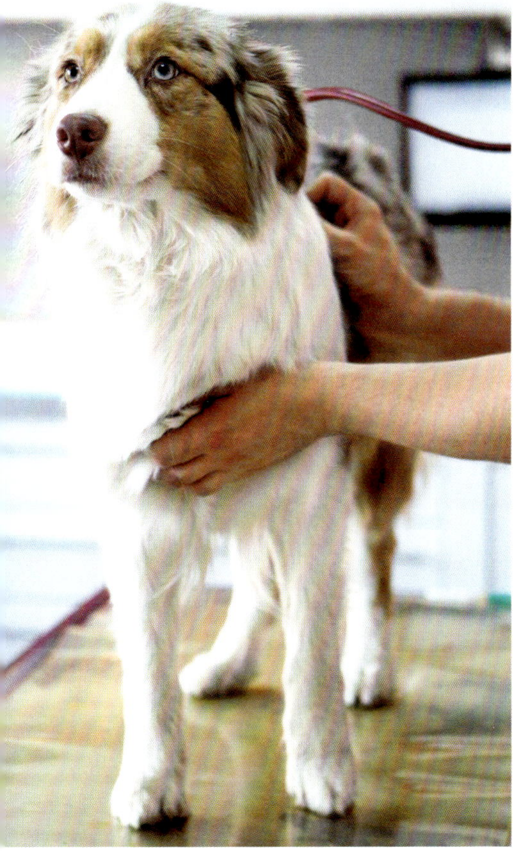

*Eine gründliche Anamnese des Tierarztes ist die Voraussetzung für alle weiteren Untersuchungen.*

veränderungen wie beispielsweise Angst, Schreien, Schnappen oder auch das Verbellen von imaginären Personen oder Gegenständen. Die Anfälle kündigen sich bei einigen Hunden durch Unruhe oder veränderte Verhaltensweisen an. Besitzer können vor dem Anfall versuchen, ihre Vierbeiner zu beruhigen. In manchen Fällen konnte so die Schwere des Anfalls verringert und einige sogar verhindert werden. Während der Hund einen Krampfanfall erleidet, kann und sollte der Besitzer nichts tun, außer gefährliche Gegenstände, an welchen sich der Hund verletzen könnte, aus dem Weg zu räumen, Ruhe zu bewahren und für eine ruhige Umgebung zu sorgen. Dazu zählt beispielsweise das Ausschalten des Fernsehers und Radios und wenn möglich sollte man das Licht dimmen oder sogar ausschalten. Wenn sich weitere Tiere im Haushalt befinden, sollten diese aus der Umgebung des krampfenden Hundes ferngehalten werden. Machen Sie ein Video und notieren Sie die Häufigkeit, Dauer und Schwere des Anfalls. Auch auffälliges Verhalten, welches im Zusammenhang mit den Krämpfen steht, können Sie in einer Art „Epilepsie-Tagebuch" notieren. Diese Aufzeichnungen sind von enormer Bedeutung, wenn Sie Ihren Hund anschließend dem Tierarzt vorstellen.

Die Diagnose „primäre Epilepsie" kann der Veterinär nur dann stellen, wenn alle Krankheiten, die eine sekundäre Epilepsie auslösen könnten, ausgeschlossen sind. Die Ausschlussdiagnostik ist kräftezehrend, langwierig und teuer. Sie ist jedoch notwendig, um eine sinnvolle Therapie einzuleiten.

Um andere Auslöser der Krampfanfälle wie beispielsweise Blutzuckermangel, Vergiftungen, Traumata, Hirntumore oder Nierenstörungen auszuschließen, sind zahlreiche Untersuchungen nötig. Der Tierarzt wird dazu eine gründliche Anamnese und eine ausführliche Blutuntersuchung vornehmen sowie Röntgenbilder anfertigen. Liefern diese Untersuchungen keinen Aufschluss über eine vorhandene Krankheit, werden meist Ultraschall, EKG und Kot- und Urinuntersuchungen notwendig. Um andere Erkrankungen des Gehirns auszuschließen, wird die Gehirnflüssigkeit untersucht und ein MRT oder CT vom Gehirn gemacht. Sind all diese Untersuchungen unauffällig, dann lässt sich relativ sicher sagen, dass es sich um primäre Epilepsie handelt. Sollte eine der Untersuchungen Hinweise für eine andere Krankheit erbracht haben, wird diese entsprechend therapiert. Primäre Epilepsie kann nicht geheilt werden. Deswegen müssen die Anti-Epileptika meist ein ganzes Leben lang gegeben werden. Einige Hunde werden mit den Medikamenten anfallsfrei, bei anderen verringert sich die Schwere und Häufigkeit und bei einigen liegt leider auch eine Therapieresistenz vor.

Sollten bei Ihrem Aussie Krampfanfälle auftreten, informieren Sie unbedingt Ihren Züchter!

## ALLERGIEN

Allergien kommen nach dem Health Survey des ASHGI von 2010 bei 10 % der Australian Shepherds vor. Die hohe Zahl überrascht ein wenig, erklärt sich jedoch damit, dass seitens der Besitzer häufig Selbstdiagnosen vorgenommen wurden. Die Prozentzahl der tierärztlich bestätigten Allergien liegt niedriger. Nichtsdestotrotz nehmen Allergien zu. Die genauen Ursachen sind schwer zu ergründen, da bei Allergien mehrere Ursachen eine Rolle spielen. Mittlerweile scheint gesichert zu sein, dass die Veranlagung, eine Allergie zu entwickeln, genetisch bedingt ist. Weitere Faktoren können Umwelteinflüsse, Stress und Ernährung sein. Allergien sind eine Überreaktion des Immunsystems auf eigentlich harmlose Stoffe, die sogenannten Allergene. Meist äußert sich eine Allergie beim Hund durch Juckreiz. Die juckenden Stellen, häufig Gesicht, Pfoten, Bauch und Achseln, werden gekratzt und zusätzlich beleckt. Dadurch kann es an den betroffenen Stellen zu Infektionen kommen. Die häufigsten Ursachen für Allergien sind Flöhe, Hausstaub- und Futtermilben, Pollen und Bestandteile des Futters. Um eine Allergie zu diagnostizieren, stehen Blutuntersuchungen und Hauttests zur Verfügung. Wird eine Futtermittelallergie vermutet, so lässt sich der Verdacht nur über eine Ausschlussdiät bestätigen.

Die Allergien selbst sind nicht heilbar. Bei den verschiedenen Therapien wird versucht, die Symptome zu lindern und damit die Beschwerden für den Hund auf ein Minimum zu reduzieren. Die Diagnostik und Behandlung erfordert stets mehrere Untersuchungen und Kontrollen, bis sich die gewünschte Linderung einstellt.

*Wird eine Futtermittelallergie vermutet, hilft oft nur eine Ausschlussdiät.*

## KREBS

Krebs ist kein einheitlich verwendeter Begriff, sondern steht als Sammelbegriff für eine Vielzahl verwandter Krankheiten, bei denen sich Zellen unkontrolliert teilen, wachsen und gesundes Gewebe zerstören. Krebs ist nach einer britischen Studie von 2011 die häufigste Todesursache bei Hunden.
Krebserkrankungen haben auch beim Australian Shepherd zugenommen. Das liegt unter anderem daran, dass Hunde heute viel besser medizinisch versorgt werden und somit auch ein höheres Alter erreichen. Im Normalfall ist Krebs eine klassische Alterserkrankung.
Als die häufigsten Krebsformen beim Aussie gelten das Hämangiosarkom (HSA) und das Lymphosarkom. Vom HSA sind 5 % und vom Lymphosarkom 2 % der Australian Shepherds betroffen.

*Konditionsverlust sollte beobachtet werden!*

**KREBSERKRANKUNGEN**

Sollten Sie bei Ihrem Hund eines der folgenden Symptome feststellen, suchen Sie bitte immer einen Tierarzt auf und lassen Sie die Ursache abklären.

- Schwellungen oder Knoten, die nicht verschwinden und/oder größer werden,
- anormale und spontane Gewichtsveränderungen,
- Schwierigkeiten bei der Nahrungsaufnahme oder beim Schlucken,
- Schwierigkeiten bei Harn- oder Kotabsatz,
- Blutungen oder Ausfluss aus Körperöffnungen,
- Kurzatmigkeit,
- Konditionsverlust.

Das HSA ist ein sehr aggressiver Tumor, der von den Blutgefäßen ausgeht. Aus diesem Grund kann der Tumor an nahezu allen Stellen auftreten. Am häufigsten siedelt er sich an der Milz, dem Herz und gelegentlich der Haut an. Da er in einem Blutgefäß beginnt, streut er oft in Lunge oder Leber. Die Symptome des HSAs sind so vielfältig wie seine Ansiedlungsstellen. Es können ganz unspezifische Anzeichen wie Müdigkeit, Gewichtsverlust oder Erbrechen auftreten. Es besteht jedoch auch die Möglichkeit, dass ein vorher völlig gesund erscheinender Hund plötzlich zusammenbricht. Dieser Zusammenbruch kann auf ein durch den Tumor verändertes, schwaches oder gerissenes Blutgefäß hinweisen. Eine sofortige Vorstellung beim Tierarzt ist nötig, da dieser Zustand lebensbedrohlich sein kann.
Die Prognosen für diese Krebsform sind sehr schlecht. In den meisten Fällen sind die Patienten wenige Monate nach der Diagnosestellung verstorben. Die Ausnahme bildet dabei nur ein HSA der Haut. In diesem Fall gibt es bei rechtzeitiger Entfernung Heilungschancen.

Das Lymphosarkom entsteht durch bösartige Entartung von weißen Blutzellen, am häufigsten in den Lymphknoten, der Milz und dem Knochenmark. Es kann allerdings auch von anderen Organen wie beispielsweise Darm, Haut oder der Thymusdrüse ausgehen. Die Symptome sind genauso wie beim HSA sehr vielfältig. Oft fallen dem Besitzer als Erstes die geschwollenen Lymphknoten auf. Da diese vielfältige Ursachen haben können und nicht ausschließlich auf einen Tumor hindeuten, ist eine Vorstellung beim Tierarzt ratsam.
Die Prognose bei einem diagnostizierten Lymphosarkom ist unterschiedlich und hängt davon ab, von welcher Form der Hund betroffen ist. Die Lebenszeit nach der Diagnose beträgt von drei Monaten bis zu zwei Jahre.

## MULTIDRUG RESISTANCE (MDR1)

MDR1-Defekt bedeutet vereinfacht: multiple Medikamentenüberempfindlichkeit. Bei vielen Hütehundrassen ist ein Erbdefekt im sogenannten MDR1-Gen weit verbreitet.
Bei diesem Defekt können bestimmte Stoffe die Blut-Hirn-Schranke überwinden und in das zentrale Nervensystem gelangen, aber nicht zurücktransportiert werden. Die Folgen davon sind schwere Vergiftungen oder der Tod des Hundes.
Kennen Sie den MDR1-Status Ihres Aussies nicht, so steht die Anwendung von einigen Arzneistoffen in Frage. Um diesbezüglich Sicherheit zu erlangen, ist es ratsam, dass Sie Ihren Aussie genetisch testen lassen. Die Verfahren sind einfach und schmerzfrei. Ansprechpartner für den Gentest entnehmen Sie bitte den Adressen (S. 123).
Sollte Ihr Aussie „Träger" oder „betroffen" sein, informieren Sie bitte jeden Tierarzt darüber, der Ihren Hund behandelt. Im Idealfall drucken Sie sich eine Liste der Arzneimittel aus, die nicht verwendet werden dürfen, und legen diese Ihrem Impfpass bei.
Weiterhin sollten Sie darauf achten, dass Aussies keinen Kot von Nutztieren fressen. Sehr häufig sind diese mit Ivermectin-Präparaten entwurmt und scheiden eine nicht unerhebliche Dosis mit dem Kot wieder aus, die für Ihren Hund gefährlich werden kann. Neben multiplen Medikamentenüberempfindlichkeiten ließen sich bei den Hunden auch erniedrigte Cortisolspiegel feststellen. Diese führen unter Umständen zu einer

### ☞ DER **MDR1**-BEFUND

| | STATUS | BESONDERHEITEN |
|---|---|---|
| MDR1 +/+ | Der Defekt MDR1 wurde nicht nachgewiesen. | Keine |
| MDR1 +/– | Träger | Es kann zu unerwünschten Arzneimittelwirkungen kommen. |
| MDR1 –/– | Betroffen | Bei der Therapie dürfen zahlreiche Arzneistoffe nicht angewendet werden. |

Anstelle von + wird auch n (normal) verwendet und m (mutant) anstelle von –.

*Die Ringelblume (Calendula officinalis) zählt zu den bekanntesten Heilpflanzen.*

eingeschränkten Stressbewältigung oder Regenerationsfähigkeit. Prof. Dr. Joachim Geyer von der Universität Gießen fand außerdem Hinweise, dass betroffene Hunde eine erhöhte Anfälligkeit für die Entwicklung chronisch entzündlicher Darmerkrankungen aufweisen.

## ALTERNATIVE HEILMETHODEN

Auf die moderne Veterinärmedizin kann kein Hundebesitzer verzichten. Es ist jedoch gut zu wissen, dass unterstützend und manchmal auch alternativ ganzheitliche Ansätze zur Verfügung stehen. Naturheilkunde besteht nicht nur aus Homöopathie, sondern bietet weitere ganzheitliche Ansätze, bei denen immer im Vordergrund steht, ein Symptom nicht isoliert zu betrachten. Vielmehr geht es darum, die Symptomursache im Zusammenhang mit dem gesamten Befinden und den Lebensumständen des Tieres zu sehen. Oberstes Ziel ist es in den meisten Fällen, den Körper zur Selbstheilung anzuregen. Dafür stehen beim Hund beispielsweise Akupunktur, Bach-Blüten-Therapie, Kräuter, Schüßler-Salze, Magnetfeldtherapie und vieles mehr zur Verfügung.
Alternative Heilmethoden und Schulmedizin müssen sich nicht ausschließen, sondern können sich sogar ganz wunderbar ergänzen. Lassen Sie sich hierzu von Ihrem Tierarzt oder Tierheilpraktiker beraten.

# IMMER MIT DABEI

## — *Erziehung und Beschäftigung*

# ERZIEHUNG LEICHT GEMACHT

**Wenn der kleine Aussie bei Ihnen einzieht, möchten Sie natürlich alles richtig machen. Ist es Ihr erster Hund, dann werden Sie sich vermutlich fragen, was Ihr Welpe denn nun unbedingt als Erstes lernen sollte.**

Der erste Tipp lautet: Entspannen Sie sich. Auch wenn die Regale des Buchhandels voll sind mit Erziehungsratgebern, Sie überall Flyer von Hundeschulen, Hundetrainern und Welpengruppen finden, versuchen Sie trotzdem, Ihren inneren Druck zu reduzieren und die Erziehung Ihres Welpen als etwas ganz Normales zu betrachten. Vertrauen Sie Ihrem Bauchgefühl und lassen Sie sich weniger von den 1000 gut gemeinten Ratschlägen aus Foren, von anderen Hundebesitzern oder Verwandten und Bekannten beeinflussen. Sie alleine entscheiden, welche Spielregeln im Zusammenleben mit Ihrem Aussie gelten, und niemand anderes.

## KONSEQUENZ VON ANFANG AN

Sie wissen bereits, dass der Australian Shepherd ein aktiver, intelligenter, mit hoher Lernbereitschaft ausgestatteter Hund ist, der einst dazu gezüchtet wurde, Vieh zu hüten und aktiv sowie arbeitsfreudig mit dem Menschen zusammenzuarbeiten.
Diese rassespezifischen Veranlagungen und Fähigkeiten sind es, die Sie sich bei der Erziehung und Ausbildung Ihres Vierbeiners zunutze machen können. Allerdings können genau diese Fähigkeiten auch zu Ihrem größten Frust werden. Ein Aussie lernt alles in Windeseile. Aber eben alles! Unerwünschte Verhaltensweisen schleichen sich blitzschnell ein, wenn der Besitzer nicht konsequent darauf achtet, keine Lücken im Regelwerk entstehen zu lassen. Sie sollten deswegen immer im Hinterkopf behalten, dass Hunde 24 Stunden am Tag lernen, auch wenn es dem Menschen gar nicht bewusst ist. Ein kleines Beispiel zur Verdeutlichung:
Sie üben mit Ihrem kleinen Aussie-Welpen ganz vorbildlich zweimal am Tag für drei Minuten „Sitz“. Ihr Hund arbeitet brav mit und erfüllt die ihm gestellten Aufgaben ganz hervorragend. Den Rest des Tages darf er Hund sein, und weil es ja so niedlich ist und er nur spielen will, der Oma und den Kindern an den Hosenbeinen nagen oder diesen nachjagen.

*Gemeinsames Spielen stärkt die Bindung.*

*Schaffen Sie vom ersten Tag an klare Regeln für das Zusammenleben.*

Was hat Ihr Welpe außer „Sitz" nun noch gelernt? Richtig, ich darf Oma und quietschenden Kinder an den Hosenbeinen ziehen, das finden die unglaublich toll.
Das Beispiel ist sicherlich überspitzt und beschreibt einen Fehler, der Ihnen nicht passieren würde, es soll jedoch verdeutlichen, dass Aussies alles um Sie herum förmlich aufsaugen. Sie sind hervorragende Beobachter und können bereits im Welpenalter ihre Besitzer ganz gezielt manipulieren, wenn sie keine klaren Anweisungen und Alltagsstrukturen von ihrem Herrchen oder Frauchen erhalten. Überlegen Sie sich deswegen, bevor Ihr Aussie bei Ihnen einzieht, welche Regeln für ihn gelten sollen. Dazu muss die gesamte Familie an einem Strang ziehen. Darf der Welpe bei Vati auf die Couch und Mutti verbietet es, gerät die sowieso noch nicht sortierte Welt des kleinen Welpen aus den Fugen. Wenn Sie gemeinsam das Erziehungskonzept gestalten, denken Sie immer daran: Es gelten die Regeln, die Ihnen persönlich wichtig sind. Wenn Sie wollen, dass Ihr Hund mit Ihnen auf der Couch kuschelt, dann ist es völlig legitim, egal was Ihnen diverse Ratgeber oder andere Hundebesitzer erzählen wollen. Für das Zusammenleben mit Ihrem Aussie ist es nur wichtig, dass die Regeln immer gleich sind. Wenn er nicht auf die Couch darf, kann er dies ohne Weiteres akzeptieren. Wenn er jedoch mal darf und mal nicht, dann wird er die für sich angenehmste Variante auswählen und Sie immer wieder „fragen", ob Sie die Regel nicht noch einmal zu seinen Gunsten überdenken wollen.
Dazu ein Tipp: Erstellen Sie gemeinsam mit der Familie eine „Darf-" und „Darf Nicht-" Liste. Sind Kinder in Ihrem Haushalt, nutzen Sie zusätzlich Bilder, um die Regeln deutlich zu machen. Hängen Sie diese Regeln an einem zentralen Platz auf, damit es beim Blick in die treuen Welpenaugen nicht immer wieder zu einem „Dieses eine Mal darf er das …" kommt. Was beim Welpen niedlich wirkt, ist ausgewachsen vielleicht ein Problem.

# JEDER HUND IST ANDERS

Wenn Sie sich Ihr Erziehungskonzept erstellen, versuchen Sie nicht, einen Masterplan zu konstruieren. Es wird niemals einen Plan geben, der auf jeden Hund angewendet werden kann, denn jeder Hund ist anders. Jeder Welpe hat seine spezifischen Fähigkeiten und Bedürfnisse, unterschiedliche genetische Anlagen und bringt verschiedene Früherfahrungen vom Züchter mit. Auf diesen Startbedingungen bauen Sie mit Ihren Erziehungsmaßnahmen auf.
Auch wenn Australian Shepherds sehr schnell lernen, hat doch jeder Welpe sein eigenes Tempo beim Erlernen von Kommandos. Weiterhin wird sich nicht jeder Welpe mit den gleichen Dingen motivieren lassen. Die einen würden für ein Leckerchen sterben, die anderen wünschen sich nichts sehnlicher als ein kleines Rennspiel zur Belohnung und die nächsten würden alles tun für eine ausgiebige Streicheleinheit. Finden Sie heraus, welches die besten Belohnungen und Motivatoren für Ihren Hund sind. Lassen Sie sich nicht von übertriebenem Ehrgeiz lenken. Wenn die gleichaltrigen Hundekumpels auf dem Trainingsplatz beispielsweise schon problemlos in jeder Situation „Sitz“ machen und Ihr Hund aber noch quirlig umherhüpft, dann liegt es nicht zwangsläufig an einem fehlerhaft aufgebauten Kommando, sondern vielleicht einfach daran, dass Ihr Welpe sich noch nicht so gut konzentrieren kann. Ihr Welpe hat mitunter auch erst andere Dinge gelernt, die für Ihr persönliches Zusammenleben wichtiger sind. Seien Sie stolz auf das, was Ihr Hund bereits kann, und verfolgen Sie den Weg, der für Sie und Ihren Hund am besten ist.

*Vergleichen Sie nicht! Jeder Hund ist anders und lernt individuell.*

# UMWELTERFAHRUNGEN

Die ersten 18 Lebenswochen sind von elementarer Bedeutung für die Verhaltensentwicklung eines jungen Hundes. Diese wichtigen Wochen teilt die bekannte Kynologin Dr. Dorit Feddersen-Petersen in eine vegetative Phase (1. – 2. Woche), eine Übergangsphase (3. Woche) und die sensible Phase (3. – 18. Woche) ein. Diese Angaben sind nicht statisch, sondern als Orientierung zu sehen. Für alle Hundewelpen gilt jedoch, dass die 8. bis 18. Lebenswoche die wichtigste Phase ihres Lebens ist. Bis zu diesem Alter ist eine Prägung auf neue Dinge besonders leicht, allerdings hinterlassen fehlende Umweltreize oder negative Erlebnisse auch besonders tiefe Spuren und können sich gravierend auf die gesamte spätere Entwicklung auswirken.
Ihr junger Aussie wird in seiner sensiblen Phase (wahrscheinlich) sehr freudig und neugierig auf Neues reagieren. Zeigen Sie ihm, dass die „neue Welt" nicht gefährlich oder beängstigend ist und verknüpfen Sie die Ihnen begegnenden Umweltreize positiv. Was der kleine Wirbelwind in diesem Zeitfenster positiv abspeichert, wird ihm meist für den Rest seines Lebens keine Schwierigkeiten mehr bereiten. Im Zuge dieser Erfahrungen ist es ebenso wichtig, dass Ihr Hund lernt, dass Sie ihm zur Seite stehen und er sich auf Sie verlassen kann.
In unserer großen bunten Welt gibt es zahlreiche Eindrücke, Gerüche, Geräusche und Situationen, an welche sich der kleine Aussie erst gewöhnen muss. Glücklich dürfen sich die Welpenbesitzer schätzen, deren neues Familienmitglied bereits beim Züchter viel kennenlernen durfte.
An dieser Stelle zeigt sich noch einmal, wie wichtig die Auswahl des passenden Züchters ist. Ist Ihr Welpe abgeschottet oder gar isoliert aufgewachsen, müssen Sie große Mühen aufbringen, um ihn an seine Umwelt zu gewöhnen.

## DIE SENSIBLE PHASE

Das sollte Ihr Aussie kennenlernen:

**Menschen jeden Alters, vor allem Kinder**
Ihr Aussie soll lernen, dass weder Rollstuhlfahrer noch Menschen mit ungewöhnlicher Kleidung oder schreiende Kinder eine Bedrohung für ihn darstellen.

**Artgenossen und andere Tiere**
Verschaffen Sie Ihrem Welpen die Möglichkeit sozialer Kontakte zu Hunden verschiedener Rassen und Altersgruppen. Zeigen Sie ihm Tiere, mit denen er in seinem Umfeld zu tun haben wird, und nehmen Sie ihm gegebenenfalls die Scheu vor ihnen.

**Straßenverkehr**
Beginnen Sie erste Spaziergänge an ruhigeren Straßen; reagiert der Welpe dort gelassen auf den Verkehr, steigern Sie langsam.

**Verschiedene Untergründe**
Laufen Sie mit Ihrem Welpen nicht nur auf Straßen oder Gras, sondern nutzen Sie alle Untergründe, die sich Ihnen präsentieren, und erkunden Sie diese gemeinsam mit Ihrem Welpen (Holz, Steine, Gitterost usw.).

**Verschiedene Geräusche**
An die alltäglichen Geräusche gewöhnt sich Ihr Welpe fast nebenbei. Mit Geräuschen, die seltener zu hören sind (einfahrender Zug, Gewitter, Silvesterknaller usw.), sollten Sie Ihren Welpen gezielt und behutsam vertraut machen.

**Öffentliche Plätze**
Bringen Sie Ihrem Welpen bei, sich ganz entspannt in der Stadt, in Kaufhäusern und Restaurants zu verhalten. Wählen Sie für erste Übungseinheiten ruhige Zeiten aus und nicht die Rushhour. Steigern Sie die Anforderungen an den Welpen langsam.

*Einfach mal Hund sein dürfen gehört zum Heranwachsen auch dazu.*

## ÜBERFORDERUNG VERMEIDEN

Gehen Sie beim Kennenlernen der Umwelt immer mit Bedacht vor und überfordern Sie Ihren Welpen dabei nicht. Vielleicht hilft es Ihnen, wenn Sie sich eine Prioritäten-Liste erstellen, aus welcher hervorgeht, worauf Ihr Welpe im späteren Leben gelassen reagieren sollte. Reflektieren Sie dazu Ihren Alltag, Ihre Umgebung und Ihre Zukunftsvorstellungen mit Ihrem Welpen. Wenn Sie häufig mit der Bahn reisen werden, sollten Sie es bereits mit dem Jungspund behutsam trainieren. Soll Ihr Welpe später einmal ein Reitbegleithund werden, so empfiehlt es sich, ihn bereits früh an die unbekannten Vierbeiner zu gewöhnen. Die Liste läßt sich beliebig fortsetzen. Legen Sie Ihre Prioritäten fest und überfluten Sie Ihren Welpen nicht mit Eindrücken. Schnell könnte dies zur Überforderung führen, was ähnliche Auswirkungen haben kann wie Unterforderung.

Vielleicht haben Sie schon einmal Sätze gehört wie „Ein Aussie muss mindestens fünf Stunden am Tag bis zur Erschöpfung beschäftigt werden!" oder aber „Ohne drei bis vier Stunden Kopfarbeit neigt ein Aussie dazu, alles zu zerstören, was ihm zwischen die Zähne kommt". Vielleicht auch: „Du hast doch keine Schafe, warum holst du dir einen Hütehund? Da sind die Probleme doch vorprogrammiert." Ignorieren Sie diese Stimmen. Denken Sie lieber daran, dass das normale Ruhebedürfnis eines Hundes bei ca. 17 Stunden liegt. Bei einem Welpen dehnt sich dieses auf bis zu 20 Stunden aus. Lassen Sie Ihrem Aussie lieber genügend Zeit, alles zu verarbeiten und beachten Sie, dass er sich anfänglich noch nicht länger als fünf bis zehn Minuten am Stück konzentrieren kann.

Dinge, die für uns völlig alltäglich sind, von denen wir häufig gar nicht vermuten, dass sie für den kleinen Vierbeiner ganz aufregend sind, müssen vom Welpen verarbeitet werden können, damit sie in positiver Erinnerung bleiben.

Damit auch der Spaziergang für den kleinen Racker nicht zu anstrengend wird, gilt als grobe Faustformel: fünf Minuten pro Lebensmonat. Mit einem 12 Wochen alten Welpen sollten Sie demnach nicht länger als 15 Minuten am Stück unterwegs sein. Diese Regel beugt nicht nur Überforderungen vor, sondern sorgt auch dafür, dass die noch sehr instabilen Sehnen, Bänder und Gelenke geschont werden. Setzen Sie Ihren Welpen zu früh hohen Belastungen aus, ist mit Spätfolgen zu rechnen (siehe Seite 72). Deswegen lieber mehrmals am Tag 10 oder 15 Minuten lang spazieren gehen.

## UNTERFORDERUNG VERMEIDEN

Erst sollen Sie Ihren Aussie-Welpen nicht überfordern, und nun steht auch noch der Anspruch im Raum, er solle nicht unterfordert werden. Richtig, Sie brauchen die goldene Mitte, um ein friedliches und harmonisches Miteinander aufzubauen. Ihr Aussie lernt schnell. Manchmal lernt er auch so schnell, dass er in Welpengruppen oder allgemein im Hundetraining als „Streber" verschrien ist und es kommt sogar vor, dass er Klassen überspringen darf, weil er mit seiner Intelligenz

*Finden Sie den Mittelweg zwischen Über- und Unterforderung, …*

und Lernbereitschaft klotzt. Das trifft nicht zwangsläufig auf jeden Aussie zu. Auch unter ihnen gibt es einige Exemplare, die sprichwörtlich nicht bis drei zählen können, aber das kommt eher selten vor.
Ihr Aussie hat eine so feine Beobachtungsgabe, dass er sehr schnell lernt, welche Dinge als Nächstes kommen oder was Sie von ihm verlangen werden. Manchmal reicht ein Zucken Ihres Mundwinkels aus und Ihr Aussie weiß bereits, dass gleich das Kommando „Sitz" folgt. Er setzt sich vorsorglich schon mal hin. Was toll klingt, kann später durchaus zu kleineren Problemen gerade im Hundesport führen. Gehen Sie deswegen bei der Erziehung behutsam und konsequent vor. Seien Sie kreativ und schlauer als Ihr Aussie und überraschen Sie ihn immer wieder mit neuen Trainingsangeboten und Lerneinheiten. So sorgen Sie dafür, dass die Motivation Ihres Hundes aufrechterhalten bleibt und er auch seinen „Will to please" entfalten kann. Dosieren Sie die Anforderungen an Ihren Aussie moderat. Nur weil er schneller lernt als viele andere Rassen, heißt das nicht, dass er mit sechs Monaten bereits 150 Tricks beherrschen muss. Was wollen Sie ihm dann die folgenden Jahre beibringen?

*... um ein harmonisches Miteinander aufzubauen.*

## POSITIVE BESTÄRKUNG

Ihr Australian Shepherd lernt am besten und schnellsten über positive Erfahrungen. Nehmen Sie davon Abstand, bei Ihrem Hund körperliche Einwirkungen einzusetzen, die ihm Schmerzen bereiten könnten! Seien Sie stets bemüht, Ihren Aussie auf der Basis von Vertrauen zu erziehen und auszubilden. Lernen Sie arteigene Verhaltensweisen, Körpergesten und Mimik kennen und versuchen Sie, diese stets richtig zu interpretieren. Damit legen Sie den Grundstein für einen motiviert mitarbeitenden und zuverlässigen Partner in allen Lebenslagen.
Karen Pryor bezeichnet die positive Bestärkung als „... all das, was in Verbindung mit einer Handlung dazu beiträgt, die Wahrscheinlichkeit zu erhöhen, dass eine solche Handlung wiederholt wird". Was vielleicht erst einmal etwas unverständlich im Raum steht, ist der Schlüssel zum Erfolg in der Hundeerziehung.
Um die positive Bestärkung besser zu verstehen, schauen wir uns ein Beispiel an: Sie sind mit Ihrem Welpen im Garten. Er dreht fröhlich seine Runden und entdeckt ein Mauseloch, aus welchem es unglaublich spannend riecht. Er steckt seine kleine Nase hinein und fängt begeistert an zu buddeln,

um seinem Ziel – der Maus – näher zu kommen. Sie möchten jedoch die Gartenrunde beenden und rufen den Welpen bei seinem Namen. Dieser schaut zu Ihnen und Sie geben das Rückrufkommando „Hier". Der Welpe setzt sich schnurstracks in Bewegung, um zu Ihnen zu kommen. Auf dem Weg zu Ihnen geben Sie ihm die Information, dass sein Verhalten ganz toll ist, z.B. mit dem Verstärker „Priiiima". Ist der Welpe gerade bei Ihnen angekommen, bekommt er auch noch einen Hundekeks zur Belohnung. Wenn er den mag, wird er sich unglaublich freuen, dass sein Bedürfnis nach etwas Essbarem so schnell und einfach befriedigt werden konnte.
Dieses Beispiel ist ein Abruf wie aus dem Bilderbuch. Sowohl von menschlicher Seite als auch von Seiten des Welpen. Was hat der Hunde in diesem Fall gelernt? Er hat gelernt, dass es sich lohnt, blitzschnell zu seinem Menschen zu kommen. Er hat gelernt, dass sein Mensch interessanter ist als Mauselöcher. Er hat gelernt, dass sein Mensch ihm Informationen über die Richtigkeit seines Verhaltens gibt („Priiiima"). Er hat gelernt, dass etwas Angenehmes hinzugefügt wird (der Keks), wenn er ein gewünschtes Verhalten ausführt. In diesem Beispiel wurden mehrere Verhaltensweisen positiv bestärkt. Die Wahrscheinlichkeit, dass der Welpe auch beim nächsten Rückruf kommt, hat sich somit erhöht.
In unserem Beispiel hätte es auch anders ablaufen können: Auf den Ruf seines Namens hätte der Welpe zwar geschaut, sich aber dafür entschieden, dass die Mäuse spannender sind als sein Mensch. Nun wären Sie vielleicht empört zu Ihrem Welpen gelaufen und hätten ihm einen Klaps auf den Po gegeben, ihn entrüstet hochgerissen und reingetragen. In diesem Fall hätten Sie ein Verhalten, welches Sie nicht möchten (das Buddeln), bestraft. Auch in diesem Fall lernt der Welpe, dass seine Handlung eine Konsequenz hat. Er wird zukünftig vermeiden, in Mäuselochern zu buddeln, weil er gelernt hat, dass dies negative Folgen (den Klaps auf den Po) hat. Bezüglich des Rückrufs hat der Welpe im letzten Beispiel nichts gelernt. Die Strafe erreichte ihn für die Handlung des Buddelns, nicht für die Missachtung des Kommandos. Vergessen Sie nie, dass Ihr Welpe über Verknüpfungen lernt! Alle Reize, die in dem Moment einer Handlung auf ihn einwirken, werden gespeichert. Bedenken Sie also, dass auch Sie mit den unangenehmen Dingen, wie Strafen, in Verbindung gebracht werden.
Beide Varianten haben ihren „Erfolg", doch wenn Sie der Welpe wären, für welche Trainingsmöglichkeit würden Sie sich entscheiden? (Mein Literaturtipp hierzu: „Positiv bestärken – sanft erziehen" von Karen Pryor, S. 124)

## BELOHNUNGEN

Ganz oft kommt bei Hundebesitzern die Frage auf, ob sie beim Training mit positiver Bestärkung ein Leben lang mit Futterbeuteln oder Würstchen in den Taschen herumlaufen müssten. Die Antwort darauf lautet: Nein. Belohnung ist soviel mehr als Futter, Spielzeug oder Streicheleinheiten. Eine Belohnung ist vielmehr alles, was Ihrem Aussie angenehm ist. Es kann etwas sein, das gut schmeckt (denken Sie dabei nicht nur an Ihr Leckerchen), etwas, das Spaß macht (bspw. das Rennen über die Wiese) oder auch etwas, das ihm gut tut (z. B. das Spiel mit einem Hundekumpel). Belohnungen sind so vielfältig wie das Hundetraining selbst. Für Sie ist es deswegen unglaublich wichtig zu wissen, was Ihr Aussie in einer bestimmten Situation auch tatsächlich als Belohnung empfindet. Rufen Sie Ihren Hund zum Beispiel von einem Laternenpfahl ab, auf den er gerade zielstrebig zusteuerte, und geben ihm einen Keks, den er daraufhin ausspuckt, dann wissen Sie genau, dass dies nicht die geeignete Belohnung für den Rückruf war. Belohnungen müssen zeitnah (binnen einer Sekunde) auf ein Verhalten folgen und müssen ein Bedürfnis befriedigen, damit sie ein Verhalten auch wirklich verstärken. Wenn Sie Ihren Aussie zur Zusammenarbeit motivieren

*Das perfekte Timing und die passende Belohnung sind im Training unverzichtbar.*

wollen, müssen Sie seine Bedürfnisse kennen und auch bemüht sein, diese zu befriedigen. Dabei ist es nicht wichtig, was Sie gerne als Verstärker einsetzen würden, sondern was Ihr Hund in einer bestimmten Situation als Belohnung empfindet. Dabei sind Sie stetig in Konkurrenz mit der Umwelt. Der vorbeihuschende Hase setzt Adrenalin frei und das Hetzen kann für Ihren Aussie zur größten Belohnung werden. Sie müssen in diesem Fall schon ein wenig kreativ sein, um Ihren Aussie davon zu überzeugen, dass zum Beispiel ein Beutespiel mit Ihnen gemeinsam jetzt viel mehr Spaß machen würde.
Vielleicht hilft es Ihnen, wenn Sie sich notieren, was Ihr Aussie am liebsten und oft tut. Dabei spielt es keine Rolle, ob Sie an dem Verhalten beteiligt sind. Beobachten Sie Ihren Hund ganz genau und erstellen Sie sich eine Art „Belohnungsliste". Diese wird für Ihr weiteres Training eine sehr hilfreiche Stütze sein und fördert die vertrauensvolle Zusammenarbeit mit Ihrem Aussie.

## PERFEKTES TIMING

Für die positive Bestärkung mit Belohnungen ist das perfekte Timing eine Grundvoraussetzung. Wie Sie mittlerweile wissen, wird das Verhalten Ihres Hundes von seinen Konsequenzen bestimmt. Wenn wir ein erwünschtes Verhalten bestärken wollen, müssen wir gerade beim Aussie sehr schnell reagieren.
Hunde sind nicht in der Lage, eine Verbindung zwischen ihrem Verhalten und unserer Reaktion herzustellen, wenn dazwischen ein längerer Zeitraum liegt. Sie haben ungefähr eine Sekunde lang Zeit, Ihrem Aussie mitzuteilen, ob Sie das Verhalten für erwünscht halten oder nicht. Sie können sich vorstellen, dass es in den meisten Situationen schwierig ist, in diesem Zeitfenster zu reagieren. Für das Strafen gilt die Zeitspanne übrigens ebenso.
Dazu zwei Beispiele: Sie stehen vor Ihrem Welpen und geben ihm das Kommando „Sitz". Er führt es brav aus. Während Sie in Ihrer Tasche nach einem Leckerchen suchen, stellt sich ihr Welpe wieder hin und sie reichen ihm

endlich den verdienten Keks. Ihr Welpe wurde an dieser Stelle nicht für das Sitzen belohnt, sondern für das Stehen. Achten Sie bei Ihren Belohnungen also unbedingt darauf, was Sie da gerade belohnen. Ihr kluger Aussie könnte an dieser Stelle sogar schon verknüpfen: erst schnell setzen, dann aufstehen und prompt gibt es die Belohnung. Unerwünschte (natürlich auch erwünschte) Verhaltensketten schleichen sich auf diese Weise schnell ein.
Ein weiteres Beispiel: Ihr Aussie erspäht am Horizont ein Reh. Er rennt zielstrebig zu seinem Objekt der Begierde. Mehrmaliges Zurückrufen von Ihnen ignoriert er. Als er nach zehn Minuten endlich wieder vor Ihnen steht, gibt es ordentlich Schelte und Schimpfworte von Ihnen. Ihr Hund hat in diesem Fall gelernt, dass es sehr unklug von ihm war, zu Ihnen zurückzukommen. Er kann nach zehn Minuten nicht mehr wissen, wofür Sie ihn bestrafen. Denken Sie an die 1-Sekunden-Regel! Er weiß nur noch, dass er auf dem Weg zu Ihnen war und dafür hat es ordentlich auf den Deckel gegeben.
Sie lesen es schon heraus, für das erfolgreiche Training kann ein sogenanntes „Markersignal" sehr hilfreich sein. Das Markersignal ist ein konditionierter Bestärker, der dem Hund deutlich macht: „Das, was du jetzt gerade tust, ist genau richtig. Dafür wartet eine Belohnung auf dich." Das Markersignal kann ein Wort wie beispielsweise „Prima" sein oder auch ein Ton. Da unsere Stimmung nicht immer gleich ist, können gesprochene Markersignale manchmal für Verwirrung beim Hund sorgen. Ein immer gleichbleibender Ton wie beim Clicker hat sich bewährt, wenn man ein Verhalten punktgenau bestätigen will. Wer sich näher für das Training mit dem Clicker interessiert, findet gute Erklärungen mit Trainingsplan im Buch „Clicker-Training für Hunde" von Mel Koring (S. 124).

*Freuen Sie sich immer, wenn Ihr Aussie dem Rückruf folgt.*

## GRENZEN SETZEN

Vielleicht mögen Ihnen die letzten Abschnitte wie das „Schmeißen mit Wattebäuschchen" vorgekommen sein. Doch seien Sie sich sicher, das sind sie nicht. Die Ausführungen sollten Ihnen verdeutlichen, wie Sie ein gewünschtes Verhalten bei Ihrem Aussie herbeiführen und verstärken können. Diese Methoden stehen nicht im Kontrast zu einer konsequenten Erziehung, sondern bilden vielmehr ihren Grundstein.
Konsequenz bedeutet, dass Sie in gleichen Situationen auch gleich reagieren. Fordern Sie ein „Sitz" von Ihrem Aussie, gemäß seines Lernstandes, und er verweigert dieses Kommando, ist ihm die Chance auf eine Belohnung entgangen. Es ist nicht nötig, dass Sie ihm den Finger in die Kruppe bohren, damit er sich setzt. Die Konsequenz seiner Missachtung des Signals ist Ignoranz beziehungsweise eine spätere Wiederholung. Der Rahmen seines Handlungsspielraums

wird auch auf diese Weise abgesteckt und zeigt klare Grenzen auf. Wenn Ihr Aussie beispielsweise am Tisch bettelt und Sie es von Beginn des Zusammenlebens an ignorieren, wird dieses Verhalten nicht mehr gezeigt werden. Lassen Sie jedoch ab und zu einen Brocken fallen, wird das Verhalten variabel belohnt und dies führt dazu, dass er regelrecht danach geifert, wann es denn das nächste Mal so weit sein wird.

Zur Hundeerziehung gehören also klare Grenzen und ein gewisser Zwang. Ein Zwang sollte dabei nicht negativ aufgefasst werden. Aber es versteht sich von selbst, dass der Hund dazu „gezwungen“ wird, nicht hinter fahrenden Autos auf der Straße herzujagen. Damit Ihr Aussie sich darauf einlässt, sich von Ihnen leiten zu lassen, müssen Sie ihm Orientierung und Sicherheit geben. Er muss erkennen, dass es das Beste für Ihn ist, wenn er tut, was Sie von ihm verlangen. Dazu müssen die gegebenen Kommandos eindeutig sein. Vermeiden Sie die Möglichkeit zur Fehlinterpretation. Das führt zu Fehlern und Frust. Wenn Sie Ihrem Aussie zum Beispiel das Kommando „Warte“ beigebracht haben und dies immer vor dem Überqueren einer Straße verlangen, dann sollten Sie nicht auf einmal das Wort „Halt“ benutzen. Es mag für Sie vielleicht dasselbe sein, aber Ihr Hund kennt es nicht. Ebenso muss Ihre Körpersprache zum Kommando passen. Wenn Sie sich beim Kommando „Platz“ immer nach vorne beugen, verknüpft Ihr Aussie dies zusätzlich zum Wortsignal. Stehen Sie nun überraschend aufrecht und geben das Kommando, kann es passieren, dass Ihr Hund es verweigert. Er konnte das Signal nicht richtig interpretieren. Nur ganz selten liegt das Problem beim Hund. Fast immer sind es Unklarheiten in der Kommunikation, die zu Schwierigkeiten führen.

*Seien Sie von Anfang an konsequent. Betteln am Tisch ignorieren Sie einfach.*

*Sie allein legen die Regeln im Umgang mit Ihrem Australian Shepherd fest.*

## UNERWÜNSCHTES VERHALTEN

Lassen Sie unerwünschtes Verhalten bei einem so klugen Hund wie dem Aussie nicht durchgehen, auch dann nicht, wenn er niedlich guckt. Die Duldung seiner Verhaltensweise signalisiert ihm, dass es in Ordnung ist und er es tun darf. Möchten Sie zum Beispiel nicht, dass Ihr Aussie von alleine ins Bett springt, dann führen Sie dies als eine unantastbare Regel ein. Wenn Sie sich stattdessen freuen, wenn der kleine Vierbeiner ohne Ihre Erlaubnis im Bett liegt und Sie sich noch dazulegen, um zu kuscheln, dann waren Sie alles andere, aber nicht konsequent. Ihr Aussie wird daraufhin wieder versuchen, von allein ins Bett zu springen, denn er hat widersprüchliche Signale von Ihnen erhalten. Er kann nicht wissen, was wann erlaubt ist, wenn sein Mensch ihm keine eindeutigen Regeln vorgibt.

Bleiben Sie bei allen Maßnahmen auf jeden Fall geduldig und vermitteln Sie Ihrem Hund Vertrauen und Sicherheit. Gelingt Ihnen das, wird sich Ihr Aussie an Ihnen orientieren und Ihre Anweisungen auch für voll nehmen.

## DAS EINMALEINS DER HUNDEERZIEHUNG

Damit das Befolgen Ihrer ausgewählten Signale/Kommandos problemlos klappt, sollten Sie immer dieselben Worte verwenden, wenn möglich mit immer gleicher Tonlage und Körpersprache. Kurze Worte mit ein bis zwei Silben sind für Ihren jungen Aussie am leichtesten einzuprägen.

Damit Sie nicht durcheinanderkommen, sollten Sie sich notieren, was Sie beim gewünschten Signal von Ihrem Hund verlangen. Was Sie vielleicht im ersten Moment schmunzeln lässt, ist ein Phänomen, das im Training für den Hundesport häufig als Problem auftaucht. Oft werden für ein- und dieselbe Verhaltensweise unterschiedliche Begriffe benutzt oder das Signal ist nicht eindeutig genug. Ein Beispiel: Sie stehen auf dem Hundeplatz in einer Trainingseinheit für Obedience. Sie rufen Ihren Aussie mit dem Signal „Hier“ ab. Ihr Hunde setzt sich daraufhin geradlinig in Bewegung, kommt vor Ihren Füßen zum Stehen und setzt sich hin. Die Übung ist erfolgreich beendet. Das Signal wurde korrekt ausgeführt.

## ☞ SIGNALE IM ÜBERBLICK

| VOM HUND GEWÜNSCHTE HANDLUNG | HÖRZEICHEN | SICHTZEICHEN |
|---|---|---|
| Aufmerksamkeit | NAME DES HUNDES | |
| Blickkontakt zum Halter aufnehmen | SCHAU | Geschlossene Faust neben dem Kopf |
| Absitzen | SIT | Rechten Zeigefinger erheben, auf Distanz zusätzlich den rechten Arm heben |
| Links auf Kniehöhe vom Hundehalter gehen, Fußspitzenlinie des Hundehalters wird nicht überlaufen, aufmerksam sein | FUSS | |
| Links vom Hundehalter gehen, im lockeren Leinenradius | LINKS | Linke Hand klopft einmal auf den linken Oberschenkel |
| Herankommen, im Sinne von Aufrücken | KOMM | Rechte Hand klopft mehrmals auf den rechten Oberschenkel |
| Herankommen und vor dem Hundehalter absitzen | HIER | |
| Abliegen, in einer geraden „Sphinx-Haltung" | DOWN | Rechter Arm wird abgesenkt und Handfläche horizontal zum Boden gehalten |
| Zum Ruhen hinlegen | LEG DICH | |
| Gegenstand aufnehmen und zum Hundehalter bringen | APPORT | |
| Ausgeben eines Gegenstandes aus dem Fang | AUS | |
| Aufhören mit der aktuellen Handlung und Aufmerksamkeit auf den Hundehalter richten | NEIN | |
| Stilles Verharren in der aktuellen Position | BLEIB | Rechte Handfläche wird sichtbar dem Hund zugewandt |
| Die Übung ist beendet | FERTIG | |
| Freie Bewegung | LAUF | Rechter Arm schweift in die Ferne |
| Abbruch einer missglückten Übung | SCHADE | Schulterzucken |

Jetzt stehen Sie auf dem Feld. Sie wollen die Richtung wechseln und Ihren Hund darauf aufmerksam machen, dass er Ihnen folgen soll. Wieder rufen Sie „Hier". Bello setzt sich in Bewegung und folgt Ihnen. Auch hier hat der Hund das Signal (eigentlich) korrekt ausgeführt.

Sie merken schon, was diese beiden Beispiele verdeutlichen sollen. Wenn Sie sich und Ihrem Hund das Leben einfacher machen wollen, überlegen Sie sich für jede gewünschte Handlung auch ein eindeutiges Signal. Eine Übersicht hilft Ihnen, die Kommandos stets sicher zu verwenden. Ein Beispiel finden Sie in der Tabelle auf S. 95.

## ÜBUNGEN GESTALTEN

Üben Sie mit Ihrem Aussie regelmäßig und mehrmals am Tag in kurzen Sequenzen. Steigern Sie langsam die Anforderungen an Ihren Hund und beginnen Sie den Aufbau eines Signals immer in reizarmer Umgebung. Erst nach vielen Wiederholungen gehen Sie dazu über, draußen zu trainieren und die gewünschten Verhaltensweisen dort zu festigen. Achten Sie bei Ihren Trainingsversuchen außerhalb des Hauses darauf, dass anfänglich keine starken Ablenkungen Ihren Australian Shepherd davon abhalten, sich auf Sie zu konzentrieren. Die Übungsphasen dürfen am Anfang noch nicht lange dauern. Zwei bis fünf Minuten sind völlig ausreichend. Steigern Sie sich langsam und stellen Sie sicher, dass auch Ihr Vierbeiner konzentriert bei der Sache ist.

Wenn Sie selbst einmal nicht in der Stimmung zum Üben sind, weil Sie sich mit Ihrem Partner gestritten haben und Ihre Laune alles andere als positiv ist, verzichten Sie darauf, mit Ihrem Welpen zu trainieren. Ihr Aussie kann Sie „lesen" wie kaum ein anderer Hund und ist höchst empfänglich für Ihre Stimmungen. Die Übungen würden mit Sicherheit misslingen. Trainieren Sie deswegen nur dann, wenn Sie gut gelaunt und ausgeglichen sind. Bedenken Sie, dass auch Sie sich bei den Übungen konzentrieren müssen, um die Signale ruhig, gelassen und konsequent durchzusetzen. Nur so haben Ihre Übungen auch Aussicht auf Erfolg.

*Üben Sie in regelmäßigen und kurzen Sequenzen.*

## MOTIVATION UND AUFMERKSAMKEIT

Ihr Aussie ist ein begnadeter „Arbeiter", doch er beginnt sich rasch zu langweilen, wenn Sie ihn immer wieder und häufig hintereinander vor die gleichen Herausforderungen stellen. Achten Sie deshalb auf ein abwechslungsreiches Training. Wählen Sie immer wieder verschiedene Übungsabläufe und seien Sie nicht sparsam mit Spiel und anderen Belohnungen. So bleibt Ihr Aussie motiviert bei der Sache und freut sich darauf, mit Ihnen etwas zu unternehmen.

Neben der Motivation ist für ein erfolgreiches Training die Aufmerksamkeit Ihres Hundes unerlässlich. Beginnen Sie keine Übung, wenn Sie nicht sicher um die Aufmerksamkeit Ihres Hundes wissen. Um Ihren Liebling darauf einzustellen, dass Sie jetzt mit ihm arbeiten werden, können Sie ein Startsignal einführen,

*Abwechslungsreiches Training fördert die Konzentration.*

*Aufmerksam, seinen Besitzer immer im Blick, ist der Aussie bereit zum Arbeiten.*

welches Sie vor jeder Übungseinheit sagen, beispielsweise „Ready" oder „Arbeiten". So verknüpft Ihr Hund, dass gleich etwas Spannendes und Tolles passieren wird. Wenn Sie dann noch mit dem Signal für das Anschauen den Blick Ihres Hundes auf sich ziehen, kann es losgehen.

## ERFOLGSERLEBNISSE

Um den Spaß am gemeinsamen Arbeiten mit Ihrem Aussie zu erhalten und zu fördern, sollten Sie sein Lernen mit Erfolgserlebnissen verbinden.Das heißt, wenn Ihr Hund eine Aufgabe ganz hervorragend gemeistert hat, hören Sie auf und belohnen ihn ausgiebig. Gerade im Hundesport kommt es zu den meisten Fehlern, weil wir nicht aufhören, wenn es am schönsten ist, sondern immer noch eine Steigerung erreichen wollen. Machen Sie sich frei von diesem übertriebenen Ehrgeiz und freuen Sie sich ehrlich über einen ganz besonderen Moment.

Wenn Sie noch im Anfangsstadium des Übens sind, beenden Sie Ihre Einheit immer mit etwas, was Ihr Welpe schon gut kann, und belohnen ihn dafür. Wenn Sie darüber hinaus das Training mit einem kleinen, tollen Spiel für den Welpen beenden, behält Ihr Aussie das gemeinsame Arbeiten in guter Erinnerung und wird immer wieder mit Freude bereit zum Üben sein.

## BLICKKONTAKT AUFNEHMEN

Wenn Sie Ihrem Aussie das Anschauen auf Kommando beibringen wollen, gehen Sie folgendermaßen vor: Stellen Sie sich vor Ihren Hund. Zeigen Sie ihm ein geliebtes Objekt, zum Beispiel ein Spielzeug oder Futter, und verschließen Sie es danach in Ihrer rechten Faust. Halten Sie nun Ihren rechten Arm parallel zum Kopf und warten Sie darauf, dass Ihr Aussie in Ihre Augen schaut. Versucht er an Ihnen hochzuspringen, ignorieren Sie es ohne irgendeine Regung oder ein Wort.

Sobald Ihr Hund Ihnen in die Augen blickt, geben Sie ihm die Belohnung.
Wiederholen Sie diesen Vorgang bis zu 15-mal, damit Ihr Aussie sich darauf einstellen kann, was Sie in dieser Übung von ihm verlangen. Erst wenn das Anschauen recht zuverlässig funktioniert, geben Sie das Hörzeichen (etwa „Schau"). Ihr Aussie muss erst wissen, was das Signal bedeutet, also welche Handlung erwartet wird, bevor er mit dem Hörzeichen etwas verknüpfen kann.

## HINSETZEN

Wenn Sie die ersten Male mit Ihrem Hund das Kommando „Sit" üben, sollten Sie in einer reizarmen Umgebung, zum Beispiel der Wohnung, starten. Wappnen Sie sich mit ein paar kleinen Leckerlis. Nehmen Sie eins davon in die rechte Hand, zwischen Daumen und Mittelfinger, und führen Sie es zur Schnauze des Hundes, ziehen es dann nach oben und hinten weg. Ihr Aussie wird dem Leckerchen mit hoher Wahrscheinlichkeit mit seinem Blick folgen und sich hinsetzen. Ignorieren Sie Kratzversuche und hibbeliges Verhalten. Geben Sie das Leckerchen erst dann frei, wenn Ihr Hund ordentlich sitzt. Auch hier gilt, dass das Kommando „Sit" erst dann gegeben wird, wenn Ihr Aussie mehrfach der Hand gefolgt ist und sich korrekt hingesetzt hat. Das Signal geben Sie immer dann, wenn Ihr Hund das gewünschte Verhalten bereits ausführt. Denken Sie immer daran, Ihr Hund kann noch nicht wissen, was „Sit" bedeutet, wenn Sie es ihm nicht mehrfach gezeigt haben. Lassen Sie Ihren kleinen Aussie also erst das Alphabet lernen, bevor Sie von ihm verlangen, ein Diktat zu schreiben.

## HINLEGEN

Beginnen Sie mit den Übungseinheiten wieder in einer reizarmen Umgebung und statten Sie sich mit kleinen Futterbrocken aus. Gehen Sie in die Hocke und nehmen Sie einige Kekse in die rechte Hand. Lassen Sie Ihren Welpen daran riechen und wecken Sie sein Interesse

*01*

*02*

für den Inhalt Ihrer Hand. Führen Sie diese nun langsam vor Ihrem Hund nach unten. Am leichtesten funktioniert es, wenn Ihr Welpe mit der Nase an Ihrer Hand bleibt. Folgt Ihr kleiner Aussie Ihnen und legt sich dabei hin, geben Sie das Leckerchen frei. Es kann sein, dass Ihr Welpe nicht sofort versteht, was Sie von ihm möchten. Seien Sie geduldig und beginnen Sie die Übung von vorn. Manchmal ist auch das Futter nicht interessant oder schmackhaft genug. Sollte es gar nicht klappen, wechseln Sie doch einfach mal auf ein unwiderstehliches Leckerchen wie ein kleines Stück Hundewurst oder einen Käsehappen. Auch hier gilt wieder: Das Kommando „Down" oder „Leg dich" (je nach gewünschter Ausführungsweise) erfolgt erst dann, wenn der Hund bereits in der richtigen Position ist.

*03*

*04*

## HERKOMMEN

Das Herbeikommen-Kommando „Hier" ist wohl mit Abstand das wichtigste Signal, welches unsere Aussies lernen müssen. Es trägt, zuverlässig ausgeführt, dazu bei, dass Sie Gefahren von Ihrem Hund abhalten und auch andere vor ihm schützen.

Für das Herbeikommen müssen Sie die richtige Verknüpfung bei Ihrem Welpen herstellen. Sie können zum Beispiel das Signal immer dann geben, wenn Ihr Welpe sich gerade von selbst auf den Weg gemacht hat, um zu Ihnen zu kommen. Sie erinnern sich, der Hund muss die Handlung ausführen, um die Verhaltensweise verknüpfen zu können. Belohnen Sie ihn danach ausgiebig. Spielen Sie mit ihm oder geben Sie ihm ein wenig Futter. Das Herbeikommen muss immer positiv verbunden werden.

Sie wollen sicherlich, dass Ihr Aussie später auf den ersten Rückruf unverzüglich kehrtmacht und zu Ihnen kommt. Damit das gut klappt, sollten Sie die Anforderungen an den Welpen und Junghund nur so weit steigern, wie es ausgeschlossen ist, dass er Fehler macht. Wenn sich Ihr Welpe also gerade einem freudigen Spiel mit einem Hundekumpel widmet und Sie nicht sicher sind, dass er Ihr Kommando befolgt, rufen Sie ihn nicht! Das Kommando wird sonst zum beiläufigen Nebengeräusch und der Aussie lernt schnell, dass es

*01 – 02* *Hat Ihr Aussie das Signal zum Hinsetzen bereits verinnerlicht, setzt er sich schnell nur mit Hilfe der Körpersprache und Stimme auf seinen Po.*

*03 – 04* *Die flach nach unten zeigende Hand hilft dem Hund zu verstehen, dass er sich korrekt hinlegen soll.*

*Rückruf: Klein gemacht und mit offenen Armen wirken Sie einladender für Ihren jungen Hund.*

nicht wichtig ist, sofort herbeizukommen. Kommandos sollten grundsätzlich nur einmal gegeben werden. Sie sind dafür verantwortlich, den Rahmen so abzustecken, dass der Hund keine Fehler machen kann. Im Beispiel des Spiels mit Artgenossen müssen Sie die Aufmerksamkeit erst einmal auf sich lenken, bevor Sie Ihr Kommando geben können und der Welpe auch wirklich kommt. Manches Mal müssen Sie dafür sehr kreativ sein und sich ein wenig zum Clown machen. Sie könnten zum Beispiel vor Ihrem Welpen davonhüpfen. Das Spiel mit dem Artgenossen mag nun uninteressant werden, und während Ihr Welpe auf dem Weg zu Ihnen ist, kann nun wieder das Kommando gegeben und der kleine Racker bei Ankunft ausgiebig belohnt werden. In diesem Fall kann es sogar sinnvoll sein, Ihren Welpen wieder zurück zum Spielpartner zu schicken, denn das wird voraussichtlich sein größtes Bedürfnis sein. Ihr Welpe muss lernen, dass es keine andere Möglichkeit gibt, als auf ein Signal von Ihnen zu reagieren und die gewünschte Handlung zu zeigen. Im Falle des Rückrufs müssen Sie eventuell auf eine Schleppleine (nur am Geschirr befestigen, niemals am Halsband) zurückgreifen, um Ihr Kommando auch sicher durchzusetzen.

Damit Ihr Welpe freudig kommt, können Sie beim Rufen in die Hocke gehen. So wirken Sie freundlich und einladend für den Welpen. Der Tonfall beim Rückruf muss stets auffordernd und freudig sein, egal wie schlecht Ihre Stimmung ist.

Bitte versuchen Sie nicht, Ihren Welpen zu fangen, wenn er das Signal einmal missachtet hat (haben Sie die Anforderungen vielleicht zu schnell heraufgesetzt?). Die meisten Hunde empfinden dies als ein lustiges Spiel und werden alles versuchen, um nicht von Ihnen gefangen zu werden. Stattdessen entfernen Sie sich lieber in die entgegengesetzte Richtung vom Welpen oder machen sich interessant.

## LEINENFÜHRIGKEIT

Leinenführigkeit bedeutet, dass der Hund an lockerer Leine bei Ihnen läuft. Es ist nicht zu verwechseln mit dem Kommando „Fuß", welches ein eigenständig aufgebautes Signal ist.

Das Allerwichtigste bei diesem Training ist absolute Konsequenz. Konzentrieren Sie sich beim Training und lassen Sie sich nicht von Überraschungsmomenten, wie dem freundlichen Ruf der Nachbarin auf der anderen Straßenseite, dazu verleiten, inkonsequent zu werden. Die konzentrierten Übungen sind Sie sich und Ihrem Welpen schuldig, damit sie sich später problemlos durch die Welt bewegen können. Der Merksatz der Leinenführigkeit ist schlicht und simpel: Eine straffe Leine darf sich nicht lohnen! Was Belohnungen für Ihren Hund sind, haben Sie im vorherigen Abschnitt bereits gelesen. Wenn Ihr Welpe Sie also zu einem gut riechenden Grasbüschel zieht, hat er sich mit diesem bereits selbst belohnt. 1 : 0 für Ihren kleinen Aussie.

Es gibt zahlreiche Ansätze, um die Leinenführigkeit zu trainieren. Der Leinenruck gehört nicht dazu! Damit belohnen Sie lediglich sich selbst für einen kurzen Moment. Der Welpe lernt nichts und Sie schaden zusätzlich seinem Kehlkopf und der Halswirbelsäule.

Eine Möglichkeit, die Leinenführigkeit zu trainieren, ist die Baum-Methode. Das Prinzip ist ganz einfach: Immer wenn die Leine straff wird, verwandeln Sie sich in einem Baum. Sie rühren sich weder vor noch zurück. Sie sprechen oder schimpfen nicht. Sie zerren oder rucken nicht an der Leine. Sie stehen einfach starr da und warten. Wenn der Welpe sich entschließt, die Leine wieder locker zu lassen und Sie anschaut oder sich an Ihnen orientiert, geht es weiter. Freundliche Worte oder auch ein Keks zur Bestätigung werden Ihren Welpen zusätzlich erfreuen. Oft kommt es vor, dass der Welpe gleich wieder in die Leine prescht. Bleiben Sie ruhig und werden Sie wieder zum Baum und warten Sie diesmal so lange, bis der Welpe zu Ihnen kommt. Erst dann geht es weiter. Lassen Sie sich außerdem keine Äste/Arme wachsen. Sie stehen starr. Es gibt Welpen, die sich lieber hinsetzen, als die Leine zu lockern. Seien Sie geduldig und warten Sie. Es hat Welpen gegeben, die mitunter 30 Minuten ausgeharrt haben. Aber auch diese haben sich irgendwann entschlossen, aufzustehen und zu Ihrem Halter zu kommen.

Denken Sie immer daran, Ihr Aussie ist klug genug, die Lücken in Ihrem Regelwerk zu entdecken, und er ist noch viel cleverer, Ihre Schwächen gegebenenfalls zu nutzen. Lassen Sie sich nicht darauf ein und beharren Sie auf der lockeren Leine.

Dieses Training wird sich mehr als auszahlen und Sie werden zeitlebens mit einem freudig laufenden Hund belohnt, der überall gerne gesehen ist.

*Absolute Konsequenz ist bei der Leinenführigkeit das A und O.*

# FREIZEITPARTNER AUSTRALIAN SHEPHERD

## WIE VIEL BESCHÄFTIGUNG BRAUCHT ER?

Mit einer allgemeingültigen Aussage ist diese Frage nicht zu beantworten. Das Wichtigste ist nicht die Anzahl an Stunden, die Sie mit dem Spaziergang, Hundesport oder Denkaufgaben verbringen, sondern ob Sie auf ein ausgewogenes Verhältnis zwischen Auslastung und Entspannung achten.

Das bedeutet natürlich nicht, dass Sie mit Ihrem kleinen Aussie keine Unternehmungen machen sollen. Bereits als Welpe ist er ausgesprochen bewegungsfreudig und aktiv. Es ist jedoch Ihre Aufgabe, darauf zu achten, dass der kleine Liebling nicht bis zur völligen Erschöpfung mit Ihnen tapst und überflutet oder gestresst von zu vielen Umwelteindrücken ist. Bringen Sie Ihrem Welpen rechtzeitig bei, Pausen einzuhalten, in denen einfach gar nichts geschieht und er sich zurückziehen und entspannen kann. Dies fördert die gesunde Entwicklung Ihres Welpen. Nicht nur psychisch, sondern auch physisch.

Denken Sie immer daran: Der Skelettapparat Ihres jungen Hundes ist noch nicht fertig entwickelt und Überlastung kann daher zu Spätfolgen führen.

*Bereits als Welpe ist der Aussie ausgesprochen bewegungsfreudig und aktiv.*

*Welpen sollten keine „Kraftmärsche" absolvieren. Ihre Knochensubstanz ist noch nicht ausgehärtet.*

## MITEINANDER SPAZIEREN GEHEN

Haben Sie einen Garten, in dem sich Ihr Aussie frei bewegen und lösen kann, reichen bis zum 6. Lebensmonat drei Spaziergänge am Tag von zehn und später 15 Minuten völlig aus. Zusätzlich besuchen Sie wahrscheinlich die Welpenspielgruppen, bei denen sich Ihr Kleiner austoben darf und mit anderen Welpen balgen und sein Sozialverhalten ausbauen kann.

Wenn Ihr Aussie etwa sechs Monate alt ist, können Sie die täglichen Spaziergänge ausdehnen: Dreimal am Tag für ungefähr 30 Minuten die Umgebung ausgiebig mit Ihnen gemeinsam erkunden, ist in diesem Zeitraum für ihn optimal. Achten Sie jedoch immer noch darauf, dass er in diesem Alter noch nicht so belastbar ist wie ein ausgewachsener Australian Shepherd. Mit etwa 15 Monaten ist seine Knochensubstanz weitestgehend ausgehärtet, die Wachstumsfugen sind geschlossen und Sie brauchen keine Angst mehr zu haben, dass er sich übernimmt. Planen Sie mit Ihrem Hund außergewöhnliche Belastungen wie Agility, Flyball, Turnierhundesport, Frisbee, Dog Dancing usw., sollten Sie ihn vorher einem gründlichen Gesundheitscheck unterziehen.

### SPAZIERGÄNGE GESTALTEN

Sie wissen schon, dass Ihr cleverer Aussie Abwechslung liebt. Bedenken Sie dies bei Ihren gemeinsamen Spaziergängen. Sie erhöhen die Grundaufmerksamkeit Ihres Hundes, wenn Sie Spaziergänge interessant gestalten. Gehen Sie öfter mal neue Wege. Das ist nicht nur für Sie, sondern auch für Ihren Hund spannend. Nicht immer liegen die schönsten Wege direkt

*Seien Sie kreativ und nutzen Sie auch einmal ungewöhnliche Hindernisse zum Training.*

vor der Haustür. Planen Sie Zeit ein, um mit Ihrem Vierbeiner ein Stück rauszufahren und interessante Gebiete zu erkunden. Ihr Aussie wird sich freuen, etwas Neues erschnüffeln und erkunden zu dürfen.
Weiterhin bietet jede Umgebung eigene Denksportaufgaben. Seien Sie kreativ und nutzen Sie die Elemente, die Ihnen zur Verfügung stehen. Vieles bietet sich an zum Umrunden, Balancieren, Durchkriechen oder Slalom laufen. Am Anfang mögen es kleine Mutproben für Ihren Welpen sein, aber in kleinen Übungsschritten festigen Sie so die Bindung und bleiben für Ihren Liebling interessant. Er lernt, dass er sich auf Sie verlassen kann und dass es am spannendsten ist, mit Ihnen gemeinsam die Welt zu erkunden. Nutzen Sie zum Beispiel umgestürzte Bäume zum balancieren. Das macht Spaß und verbessert zusätzlich das Körpergefühl Ihres Hundes. Erklimmen Sie kleine Felsbrocken, vorausgesetzt, sie sind sicher und breit genug für Ihren Welpen, und lassen Ihren Hund als Übung darauf sitzen. Auch große Betonröhren können zu Tunneln werden, die Ihr Welpe durchqueren kann. Gitterroste sind eine echte Herausforderung für Ihren Welpen und erfordern eine Menge Mut von ihm. Eng stehende Bäume können zum Slalom werden und ein Laternenpfahl ein Objekt zum Umrunden. Lassen Sie Ihrer Fantasie freien Lauf, aber achten Sie immer darauf, dass die Objekte ungefährlich für Ihren Welpen sind und er sich nicht daran verletzen kann.

## FAHRRADFAHREN

Wenn Ihr Aussie ungefähr 12 bis 15 Monate alt ist, die Vorsorgeuntersuchungen hinter sich und keine gesundheitlichen Probleme hat, können Sie damit beginnen, ihn angeleint neben dem Fahrrad zu führen. Damit es nicht zu Stürzen oder Verletzungen kommt, müssen

*Jede Umgebung bietet Denksportaufgaben.*

Sie das Fahrradfahren mit Ihrem Aussie trainieren. Neben dem Rad läuft der Hund stets rechts, auf der dem Straßenverkehr abgewandten Seite. Damit Ihrem Hund die Unterscheidung zum sonstigen (meist) Linksgehen leichter fällt, können Sie zum Beispiel das Signal „Rad" einführen.
Das Training können Sie damit beginnen, dass Sie das Rad zwischen sich und Ihren Hund stellen. Die Leine sollte dabei locker durchhängen und nur so lang sein, dass der Hund die gedachte Linie des Vorderrades nicht überschreiten kann. Wickeln Sie sich, um Verletzungen vorzubeugen, die Leine nicht um das Handgelenk. Verhält sich Ihr Aussie neben dem Rad ruhig, belohnen Sie ihn. Gehen Sie nach ausreichend Festigung dazu über, das Fahrrad zu schieben, sodass Ihr Hund entspannt nebenhergehen kann. Bauen Sie kleine Kurven und Richtungswechsel ein. Auf diese Weise lernt Ihr Aussie, sich auch an dem Fahrrad zu orientieren.

Regelmäßige Bestätigungen von Ihnen helfen dem Vierbeiner, den Drahtesel positiv zu verknüpfen.
Nach einigen erfolgreichen Übungseinheiten steigen Sie auf und fahren kurze Strecken im Schritttempo. Fahren Sie anfänglich dort, wo wenige Ablenkungen vorhanden sind, sodass Ihr Hund sich ausschließlich auf Sie konzentrieren kann. Funktioniert auch das gut, steht einem ersten kurzen Fahrradausflug nichts mehr im Weg. Bei der Fahrgeschwindigkeit sollten Sie darauf achten, dass Ihr Aussie ruhig neben Ihnen trabt. Beginnt er zu galoppieren, müssen Sie Ihr Tempo drosseln. Nach und nach können Sie die Strecken verlängern.
Damit der Fahrradausflug für beide Seiten eine schöne Unternehmung ist, geben Sie Ihrem Hund vorher auf einem kurzen Spaziergang die Möglichkeit, sich zu lösen und ein wenig zu schnüffeln. Nicht dass Sie von einem stoppenden Hund, der mal muss, vom Fahrrad gerissen werden …

*Beginnen Sie mit dem Fahrradfahren zwischen dem 12. und 15. Lebensmonat.*

## AUTOFAHREN

Meist liegen die schönsten Gebiete, in denen Sie ausgiebig mit Ihrem Aussie spazieren gehen können, nicht in der unmittelbaren Nähe, und auch der Tierarzt wird in den wenigsten Fällen Ihr direkter Nachbar sein. Demzufolge müssen Sie Ihren Hund an das Autofahren gewöhnen. Im Allgemeinen wird Ihr Australian Shepherd das Autofahren lieben, denn auf diese Weise kann er bei Ihnen sein.

Zu Ihrer eigenen und natürlich auch zur Sicherheit Ihres Hundes sollte er im Auto gesichert werden. Im Fachhandel können Sie spezielle Geschirre mit Adaptern für den Gurt erwerben, wenn Sie Ihren Aussie auf der Rücksitzbank transportieren wollen. Die sicherste Möglichkeit ist eine Transportbox, die entweder im Kofferraum oder auf dem Rücksitz befestigt wird. Entscheiden Sie sich für eine Transportbox, muss das Bleiben in dieser vorher geübt werden, damit Ihr Aussie sich während der Fahrt nicht eingeengt und unnötig gestresst fühlt. Schließlich wollen Sie ja, dass Ihr Liebling das Autofahren mit etwas Positivem verbindet.

### AUSSTEIGEN AUF SIGNAL

Sind Sie an Ihrem Fahrtziel angelangt, versteht es sich von selbst, dass Ihr Aussie nicht ungefragt aus dem Auto springen darf. Üben Sie bereits mit dem Welpen das Signal „Warte“, um ihn an das Abwarten zu gewöhnen. Belohnen Sie das Warten mit einem Leckerchen und leinen Sie Ihren Hund in aller Ruhe an, bevor er das Auto verlassen darf. Auf ein Signal hin, wie beispielsweise „Okay“, darf er aussteigen. Ihren Welpen heben Sie bitte aus dem Auto, um Verletzungen vorzubeugen.

*So nicht! Ungesichert auf dem Beifahrersitz gefährden Sie sich und Ihren Hund.*

# SPORT MIT DEM AUSSIE

Wenn Sie planen, mit Ihrem Aussie Sport zu treiben, stehen Ihnen nahezu alle Türen offen. Aussies sind intelligent, aufgrund ihrer schnellen Auffassungsgabe relativ leicht zu trainieren und sie bringen den Willen zum gemeinsamen Arbeiten mit. Damit sind sie prädestiniert, eine Reihe von Aufgaben zu erfüllen.

Der ursprünglichen Aufgabe, dem Hüten, gehen in Europa nur noch sehr wenige Aussies und ihre Besitzer nach. Das liegt zum einen an veränderten Landschaftsstrukturen und zum anderen an den wenigen Ausbildungsmöglichkeiten.

Nichtsdestotrotz bringt Ihr vielseitiger Australian Shepherd die besten Anlagen mit, um auf ganz verschiedenen Gebieten hervorragende Leistungen zu erzielen.

*Warten, bis das Signal zum Aussteigen kommt.*

### VORSICHT BEI WARMEN WETTER

Wenn Sie Ihren Vierbeiner langsam an das Auto gewöhnt haben, kann der erwachsene Aussie auch mal ein bis zwei Stunden im Auto alleine bleiben. Bei warmen Außentemperaturen dürfen Sie ihn jedoch niemals ohne Aufsicht dort zurücklassen. Bereits bei 20 °C und zehn Minuten ohne Luftzufuhr kann sich das Innere eines Autos so aufheizen, dass Ihr Hund in akute Lebensgefahr kommt! Auch leicht geöffnete Wagenfenster können keine ausreichende Belüftung gewährleisten. Und ein im Schatten geparktes Fahrzeug kann nach kurzer Zeit wieder in der prallen Sonne stehen. Können Sie Ihren Hund an warmen Tagen nicht zu den geplanten Aktivitäten mitnehmen, lassen Sie ihn zu Hause.

Damit Sie mit Ihrem Aussie in eine oder mehrere Sportarten einsteigen können, ist eine Grundausbildung zum Begleithund in den meisten Fällen Voraussetzung. Entscheiden Sie sich zum Beispiel für eine „Karriere" im Agility unter dem VDH, so müssen Sie einem VDH-Mitgliedsverein angeschlossen sein und eine Leistungskarte für ihren Vierbeiner beantragen, damit Sie nach ausreichend Training die Begleithundeprüfung absolvieren können. Erst dann dürfen Sie auf Turnieren starten.

Die Grundausbildung Ihres Australian Shepherds sollte jedoch nicht nur die Begleithundeprüfung zum Ziel haben. Vielmehr ermöglicht das regelmäßige Training Ihrem Hund ein Maximum an Freiheit, weil er gelernt hat, zuverlässig zu gehorchen. Weiterhin festigen Sie mit seiner Ausbildung das Vertrauen sowie die Bindung und verbessern Ihre Kommunikation untereinander. Macht Ihnen das Trainieren der sogenannten Unterordnung Spaß, können Sie in Erwägung ziehen, Ihren Hund später im Obedience weiter auszubilden.

# OBEDIENCE

Obedience heißt übersetzt „Gehorsam". Neben den Grundübungen wie zum Beispiel Sitz, Platz, Fuß, Vorsitzen und Bleib, die Sie dann schon aus dem Begleithundetraining kennen, werden in den Obedience-Prüfungen viele weitere interessante Elemente eingebaut. Ihr Aussie muss zum Beispiel lernen, Gegenstände zu apportieren und zu suchen. Eine Hürde muss im Freisprung überwunden werden. Weiterhin gibt es eine Distanzkontrolle, bei welcher sich Ihr Aussie auf Entfernung ins Sitz, Platz und Steh begeben muss. Auch die Unbefangenheit gegenüber anderen Hunden und Menschen wird im Obedience trainiert und im Wettkampf abgefragt. Entscheiden Sie sich dafür, an einer Prüfung im „Obi" teilzunehmen, finden Sie in der Prüfungsordnung vom VDH vier Leistungsklassen mit unterschiedlichen Anforderungen: die Beginner-Klasse und die Klassen 1 bis 3.
In Deutschland haben Sie weiterhin die Möglichkeit, auf Turnieren des ASCA zu starten. Die Turniere werden von sogenannten Affiliate-Clubs, wie beispielsweise dem ASCD e. V., welche dem ASCA angehören, ausgerichtet. Hat Ihr Aussie ASCA-Papiere, kann er auf diese Weise Arbeitstitel sammeln. Diese schmücken anschließend seinen Zuchtnamen und lassen erkennen, welche Erfolge der Hund bereits erreicht hat. Die Anforderungen bei Veranstaltungen des ASCA sind andere als beim VDH. Es ist zum Beispiel nicht notwendig, dass Sie vorher eine Begleithundeprüfung bestanden haben. Hier als Beispiel die Anforderungen der Beginner-Klasse (VDH) und der Novice-Klasse (ASCA).

### VDH Beginner-Klasse

— Gruppenübung: Verhalten gegenüber anderen Hunden
— Stehen und Betasten
— 2 Minuten liegen mit Sichtkontakt
— Leinenführigkeit mit Richtungswechseln, auf Anweisungen des Stewards

*Dieser Aussie ist bereit: Aufmerksamkeit gepaart mit Körperspannung.*

— Sitz aus der Bewegung
— Voraussenden in ein Quadrat
— Abrufen
— Apport auf ebener Erde
— Kontrolle auf Distanz
— Gesamteindruck

### ASCA Novice-Klasse

— Vom Richter gewähltes Fußfolgeschema einmal mit und einmal ohne Leine
— Achter-Figur (Umrunden von zwei Personen in Form einer Acht)
— Stehen und Betasten
— Abrufen
— Gruppenübung: 1 Minute sitzen mit Sichtkontakt
— Gruppenübung: 3 Minuten im Platz mit Sichtkontakt
— Gesamteindruck

Neben den unterschiedlichen Anforderungen gibt es weitere Unterschiede: Der Wettkampfring ist beim VDH größer als beim ASCA.

*Gute Fußfolge, ein wichtiger Baustein im Obedience-Training.*

Der VDH-Richter bewertet und steht auf Distanz zum Team. Der ASCA-Richter gibt die Kommandos, bewertet, positioniert das Team und läuft häufig im Abstand zum Hundehalter mit. Die Ausarbeitung des Laufschemas, die Vorgabe der Kommandos und der Positionen übernimmt beim VDH ein sogenannter Steward. Auch in der Bewertung verlaufen die Prüfungen unterschiedlich. Kann beim VDH eine Übung vollständig misslingen und mit 0 bewertet werden, so kann diese durch eine andere Übung ausgeglichen werden. Beim ASCA hingegen führt eine genullte Übung zum Nichtbestehen der Prüfung.

Egal, ob Sie jemals eine Prüfung ablegen, und egal, unter welchem Verband Sie das tun werden – Obedience als Sportart fördert vor allem das harmonische Miteinander zwischen Ihnen und Ihrem Aussie. Ihr Hund lernt, koordiniert und diszipliniert zu arbeiten. Nicht umsonst wird Obedience auch als die „Hohe Schule der Unterordnung“ bezeichnet.

## RALLY OBEDIENCE

Rally Obedience (RO) ist eine relativ junge Sportart aus den USA. Mittlerweile erfreut sie sich aber auch in Deutschland immer größerer Beliebtheit und es gibt zahlreiche Vereine, die RO in ihr Trainingsangebot aufgenommen haben.

Beim Rally steht der Spaß für Mensch und Hund im Vordergrund, weswegen es unter dem VDH auch als „Fun-Sportart“ bezeichnet wird, allerdings mit eigenem Reglement. Eine Begleithundeprüfung ist noch keine Voraussetzung, um sich auf Turnieren mit anderen RO-Begeisterten zu messen.

Rally Obedience vereint Elemente aus Unterordnung, Agility und Dog Dance. Bei dieser interessanten Kombination ist zugleich Präzision und Tempo gefragt, da das Team nach Punkten und Zeit bewertet wird.

Beim RO wird ein Parcours aus Stationen aufgebaut. Jede Station hat ein Schild, auf dem mittels Symbolen und Worten steht, was das Team an dieser Stelle auszuführen hat und wie es danach weitergeht. Die Aufgaben bestehen aus klassischen Unterordnungsübungen wie Sitz, Platz, Steh, aber auch Kombinationen aus diesen Elementen. Auf anderen Stationen werden Sie aufgefordert, einen Slalom um Pylonen zu machen oder aber den Hund über eine Hürde zu schicken. Als besondere Herausforderung für verfressene Aussies gibt es auch Übungen zur Futterverweigerung: das Mensch-Hund-Team muss an gefüllten Futternäpfen vorbeigehen, ohne dass der Hund sich bedient.

Im Gegensatz zum Obedience dürfen Sie Ihren Aussie die ganze Zeit über ansprechen, motivieren und beliebig viele Hör- und Sichtzeichen geben. An einigen Stationen dürfen Sie sogar belohnen. Gemeinsam mit Obedience hat RO, dass die perfekte Kommunikation zwischen Mensch und Hund im Vordergrund steht. Ohne eine partnerschaftliche Zusammenarbeit wird man bei diesem Sport keine vorderen Plätze erringen können.

*Agility macht doppelt Spaß: Sie trainieren sich und Ihren Hund.*

## AGILITY

Agility entstand als Hundesportart in England und hat sich in den letzten Jahrzehnten auch in Deutschland etabliert. Bei dieser Sportart müssen Sie gemeinsam mit Ihrem Aussie einen vorgegebenen Parcours aus verschiedenen Hindernissen wie Sprüngen, Tunnel, Slalom, Wippe, Steg usw. absolvieren. Der Hundeführer läuft dabei neben dem Hund oder schickt ihn voraus. Sie lenken Ihren Aussie nur durch Körpersprache und Stimme. Für den Australian Shepherd, hervorragender Beobachter mit rascher Auffassungsgabe, erschließen sich neue Elemente blitzschnell und es kann vorkommen, dass Sie noch denken und er bereits handelt. Sich selbst in seinen Bewegungen gut kontrollieren zu können, ist in dieser Sportart ebenso wichtig wie Vertrauen und Harmonie der Partner. Agility ist Teamwork.

Das ernsthafte Agility-Training dürfen Sie mit Ihrem Aussie erst ab einem Alter von 12 bis 15 Monaten und nach einem erweiterten Gesundheitscheck beginnen. Undine Bresch, selbst Besitzerin mehrerer Aussies und

jedoch nie das „normale Junghundeleben". Ihr junger Aussie möchte die Welt entdecken und nicht nur auf dem Trainingsplatz sein. Möchten Sie später auf Turnieren starten, so stehen Ihnen wieder mehrere Möglichkeiten offen: Turniere unter dem VDH, ASCA sowie weiterer Verbände. Beim VDH wird in drei verschiedene Größenklassen unterteilt. Ihr ausgewachsener Aussie wird normalerweise in der Large-Klasse (ab 43 cm Widerristhöhe) starten. Die Leistungsklassen unterscheiden sich in ihren Anforderungen und werden in A1, A2, A3 und Senioren (ab 6 Jahren) unterschieden. Um auf Turnieren starten zu können, ist auch hier wieder eine Begleithundeprüfung erforderlich.
Auch beim Agility unterscheiden sich die Anforderungen zwischen VDH und ASCA. Frau Bresch, selbst erfolgreiche Starterin beider Bereiche, hebt vor allem den unterschiedlichen Parcoursaufbau hervor: der VDH-Parcours ist enger, auf Geschwindigkeit ausgelegt und verzeiht weniger Fehler als der ASCA-Parcours. Beim ASCA-Agility sind die Hindernisse niedriger und man muss gelernt haben, den Hund auf Distanz zu führen. In einer speziellen Klasse, dem sogenannten „Gambler", ist die Distanzarbeit sogar gefordert, also ein gutes Zusammenspiel von Mensch und Hund – perfekt für den selbständig arbeitenden Hütehund.

Agility-Trainerin (siehe Spezial Seite 112), erläutert zur Ausbildung der späteren Sporthunde, dass man seinem Junghund bereits spielerisch an erste Geräte gewöhnen kann. Die Möglichkeiten dafür sind vielfältig: Welpen können schon mal durch einen Tunnel oder um Ausleger (ohne Stangen) laufen. Geschwindigkeit sollte dabei noch keine Rolle spielen. Wichtiger ist es, dem jungen Hund das korrekte Arbeiten beizubringen. Der Aussie wird Spaß an den neuen Herausforderungen haben und sich über das gemeinsame Training freuen. Vergessen Sie neben dem Training

*Geschwindigkeit kommt später mit der Sicherheit.*

# AGILITY-SPORT

## *— Ein Interview mit Undine Bresch*

Seit 1997 ist Undine Bresch Agility-Sportlerin und konnte zahlreiche Titel holen und Erfolge erzielen: nicht nur den Deutschen Meister Agility im IRJGV, sondern gleich mehrere hochrangige ASCA-Agility-Titel. Mit ihrer Aussie-Hündin Queeny holte sie als erste Starterin in Europa den Agility-Trial-Champion-Titel (ATCH). Siegreiche Hundesportler benötigen neben guten Hunden das nötige Fingerspitzengefühl, Durchhaltevermögen und engagierte Trainer, wie Undine Bresch erläutert.

*Queeny: 1. Agility Trial Champion in Europa, Seelenhund und ein Herz auf 4 Pfoten.*

*Wie sind Sie zum Agility gekommen?*

Meine erste Hündin Boomer war sehr aktiv. Ich wollte sowohl sie als auch mich körperlich und geistig herausfordern und unsere Bindung festigen. Da beim Agility der Spaß einen großen Stellenwert einnimmt, entschied ich mich, diese Sportart auszuprobieren. Bis heute ist Agility eine unserer liebsten Freizeitbeschäftigungen, die alles mitbringt, was ich mir für mich und meine Hunde wünsche.

*Wonach entscheiden Sie, ob sich ein Hund für das Agility eignet?*

Der Aussie ist, wenn er moderat gezüchtet wurde, anatomisch sehr gut für Agility geeignet. Seine enorme Lernbereitschaft und sein Wille, dem Hundeführer zu gefallen, machen ihn zu einem tollen Trainingspartner. Das wichtigste Entscheidungskriterium ist jedoch die Gesundheit des Hundes. Ich würde keinen Hund im Agility trainieren, der diese Voraussetzung nicht erfüllt. Nicht jeder Aussie ist dafür geeignet, immer ganz oben auf dem Siegertreppchen zu stehen. Erfolg ist demnach zweitrangig. Es ist wichtig, dass meine Hunde und ich zusammen Spaß haben.

*Snoopy: Höchste Konzentration im Slalom und trotzdem Frauchen immer im Blick.*

Den Spaß an einer Sportart kann man jedem Hund vermitteln, indem man seine Erwartungen an die Persönlichkeit seines Hundes anpasst. Sollte einer meiner Hunde keinen Spaß am Agility finden, trainieren wir etwas anderes. Jeder Hund hat seine Vorlieben und Stärken, meist scheitert es am Besitzer, diese zu erkennen und zu fördern.

*Wie häufig trainieren Sie Ihre Hunde im Agility?*

Täglich und überall. Um mit seinem Aussie ein gutes Team zu bilden, braucht man eine gute Bindung zum Hund. Um diese aufzubauen, benötigt man keinen Parcours. Jeder ausgiebige Spaziergang, der die Muskulatur des Hundes aufbaut oder stärkt, dient auch dem Agility-Training. Unterwegs können Baumstämme zum Hindernis werden oder aber ein Laternenpfahl dient als Übungselement zum Umrunden. Der Fantasie beim Training sind im Alltag keine Grenzen gesetzt. Trotz allem trainieren wir natürlich auch ein- bis zweimal die Woche auf dem Hundeplatz. Es kann aber auch vorkommen, dass wir mehrere Wochen gar nicht trainieren.

*Wenn Sie jemanden für die Sportart Agility begeistern müssten, was würden Sie ihm sagen?*

Achtung, Agility macht süchtig! Es ist Spaß mit und für den Hund. Schaut euch ein Training oder Turnier in eurer Nähe an und seht, mit wie viel Freude die Hunde durch den Parcours flitzen. Man bekommt sofort Lust mitzumachen. Allerdings scheint es leichter, als es wirklich ist. Sucht euch also einen kompetenten Trainer und gebt euren Aussies Zeit, alles in Ruhe lernen zu dürfen. Geschwindigkeit kommt mit Sicherheit. Wenn ihr an der körperlichen und geistigen Auslastung eurer Aussies und eurer eigenen interessiert seid, wagt euch an das Training. Es wird nie langweilig, jeder Parcours ist anders.

*Welchen Tipp würden Sie jedem zukünftigen Agility-Sportler gerne mit auf den Weg geben?*

Habt Spaß mit euren Hunden und degradiert sie nicht zu Sportgeräten. Lasst den Ehrgeiz nicht die Oberhand über den Spaß gewinnen und achtet auf die Gesundheit eurer Hunde. Vertraut euren Hund nur einem Trainer an, der auf alle Komponenten achtet, die Agility ausmachen. Turnierergebnisse dürfen niemals im Vordergrund stehen.

## AUSSTELLUNGEN UND SHOWS

Immer mehr Aussiebesitzer finden Freude daran, ihren Hund auf Ausstellungen und Conformation Shows vorzustellen. Auch wenn Sie nicht beabsichtigen, mit Ihrem Aussie zu züchten, kann es trotzdem sehr interessant sein, den Hund in Exterieur und Gangbild von einem unabhängigen Richter beurteilen zu lassen.
Immer wieder hört man auch, dass sich die Aussteller auf den Schönheitswettkämpfen treffen, um sich mit anderen „Aussie-Verrückten" auszutauschen, denn wo sonst findet man eine solche Ansammlung von Aussie-Liebhabern und wunderschönen Australian Shepherds.
Fragt man Lea Rebensburg, die seit sechs Jahren erfolgreich Hunde durch den Showring führt (siehe Spezial Seite 116), wie man selbst beurteilen kann, ob sich der Aussie für die Show eignet, so erhält man eine ausführliche Antwort. Sie erklärt, dass jeder Aussie, der dem Rassestandard gut entspricht, also keine im Standard genannten Fehler aufweist und ein entspanntes Wesen hat, sich grundsätzlich für die Show eignet. Für Aussies, die sich leicht aus der Ruhe bringen lassen, ängstlich oder gar aggressiv sind, ist der Showring nicht geeignet.
Wenn Sie Interesse daran haben, Ihren Aussie auf einem Schönheitswettkampf starten zu lassen, sollten Sie vorab Ihren Hund mit dem Rassestandard des ASCA oder der FCI vergleichen oder aber Ihren Züchter um Rat fragen.
Haben Sie sich dazu entschlossen, Ihren Australian Shepherd auf einer Show zu präsentieren, hält Lea Rebensburg weitere Tipps für Sie bereit, denn Sie sollten nie unvorbereitet auf eine Show gehen. Je besser die Vorbereitung, desto besser ist auch die Präsentation.
Da der Hund sich im Ring nicht hinsetzen soll, ist es wichtig, das Kommando „Steh" zu trainieren. Dafür sollten die Vorderbeine parallel nebeneinander und in einem rechten Winkel zum Boden stehen. Auch die Hinterbeine sollten parallel nebeneinander stehen, sodass die Hocks (hinteren Sprunggelenke) sich im rechten Winkel zum Boden befinden. Das Gewicht sollte der Hund dabei vermehrt auf die Front verlagern, sodass er ein aufgerichtetes, stolzes Bild zeigt.
Um diese Position zu halten, ist ein Training des „Bleib"-Kommandos sinnvoll. Positive Verstärkung und Geduld sind hierbei sehr wichtig, da die Hunde sonst den Spaß verlieren, was negative Auswirkungen auf die gesamte Vorstellung hat.
Damit die Richter das vollständige, korrekte Scherengebiss kontrollieren können, ist es wichtig, dass sich der Hund von Fremden ins Maul gucken lässt. Hierzu wird der Hund am Halsband genommen und mit einem Leckerli vor der Schnauze „fixiert", sodass der Richter

die Zähne begutachten kann. Es kann vorkommen, dass der Handler (Person, die den Hund im Ring vorstellt) selbst das Gebiss des Hundes zeigen soll. Dafür sollte der Hund ruhig stehen bleiben können, ohne zurückzuweichen. Zudem sollte man üben, dass sich der Hund anfassen und betasten lässt. Für ein geschmeidiges Laufbild im Ring bietet sich mit ausgewachsenen Hunden das Fahrradtraining an. Im Tempo Trab stärkt der Hund seine Muskulatur und übt zudem das gleichmäßige Laufen.
Um Ihren Aussie bestmöglich zu präsentieren, benötigen Sie spezielles Equipment. Auch hier hat Lea Rebensburg die passenden Hinweise: Sie benötigen ein Showkettchen, da ein dickes Halsband störend wirken würde. Ergänzend dazu bedarf es einer Showleine. Diese sollte ebenfalls dezent sein, damit sie optisch nicht ablenkt. Man muss immer bedenken, dass es darum geht, seinen Hund bestmöglich beurteilen zu lassen. Um seine Startnummer an der Kleidung zu befestigen, reicht eine normale Sicherheitsnadel. Bei Bedarf gibt es jedoch auch spezielle Halterungen und Armbinden. Da im Showring belohnt werden darf, empfiehlt sich ein kleiner, unauffälliger Leckerlibeutel. Wichtig ist es, angemessen vor dem Richter aufzutreten und sich dementsprechend ordentlich zu kleiden. Dabei ist es von Vorteil, nichts Flatterndes oder Buntes anzuziehen, sondern ruhige Farben. Bei einer weißen Hose könnte es vorkommen, dass das Weiß des Hundes vergleichsweise „dreckig“ erscheint. Im Idealfall passen Sie also Ihre Kleidung an die Farben des Hundes an.
Generell sollten zur Ausstellung Wasser für den Hund, Kotbeutel und eine Box mitgebracht werden.

*Je besser die Vorbereitung für einen Schönheitswettkampf ist, desto besser ist auch die Präsentation.*

# IM SHOWRING

## *— Ein Interview mit Lea Rebensburg*

Seit sechs Jahren führt Lea Rebensburg aus Kiel sehr erfolgreich Aussies durch den Showring. Leas „Showkarriere" gipfelte darin, dass sie ihren Rüden Luke zum ASCA- und VDH-Champion führte. Beide wurden die letzten drei Jahre in Folge zu den ASCA Conformation Finals in die USA eingeladen. Lea beweist im Showring mit allen ihr anvertrauten Hunden immer wieder absolutes Fingerspitzengefühl, Perfektion und Freude.

*Luke: Im Ring hoch motiviert, doch am liebsten tobend am Strand.*

*Wie sind Sie auf den Australian Shepherd aufmerksam geworden?*

Schon immer war es mein größter Wunsch, irgendwann einen Hund zu haben. Beim Lesen eines Rassebuches blieb ich gleich bei „A" wie Australian Shepherd hängen. Die Beschreibung faszinierte mich, da der Aussie als naturverbunden, sportlich, ausdauernd und vielseitig beschrieben wurde. Damit war auch klar, dass er anspruchsvoll, herausfordernd und zeitintensiv ist. Mir war von Anfang an bewusst, dass der Aussie eine Herausforderung werden wird, aber ich wollte so einen oder keinen.

*Auf welchen Shows starten Sie und konnten Sie Unterschiede feststellen?*

Ich starte auf ASCA- und FCI-Shows. Bei den ASCA-Shows werden nur Australian Shepherds gerichtet. Bei den FCI-Shows werden alle Rassen gerichtet.

Für die ASCA-Shows werden meist amerikanische Richter eingeflogen, die über ein breites Wissen der Rasse verfügen und den Hund nach den rassetypischen Eigenschaften angemessen beurteilen können. Anders als bei der FCI gibt es bei einer ASCA-Show jedoch keinen Richterbericht.

*Können Sie uns den Ablauf einer ASCA-Show mit den einzelnen Klassen näher beschreiben?*

Als Allererstes muss man seinen Aussie rechtzeitig für eine Ausstellung anmelden, meist einige Wochen vorher. Am Anreisetag sucht man die Meldestelle auf, um seine Unterlagen abzuholen und den Impfpass des Hundes kontrollieren zu lassen. In den Unterlagen findet man die Startnummer, die für die gesamte Dauer der Ausstellung gültig ist. Danach bereitet man seinen Hund mit dem letzten „Feinschliff“ auf die Ausstellung vor. Das heißt, er wird noch einmal ausgiebig gebürstet und frisiert. Ungefähr 10 Minuten, bevor die Klasse startet, bereitet man seinen Hund mit Lauf- und Stehübungen auf die Präsentation vor. Anschließend sammeln sich die Starter einer Klasse am Ring und warten auf den Einlass. Nachdem alle Hunde hintereinander in den Ring eingelaufen sind, beginnt der Richter mit der Kontrolle des vorne stehenden Hundes. Nach der Kontrolle führt der Handler den Hund im Laufschritt vor und zeigt dem Richter im „Down“ (geradeaus vom Richter weg) und „Back“ (geradeaus zum Richter zurück) die Qualitäten seines Hundes. Dieser Ablauf vollzieht sich, bis jeder Hund der Klasse vorgeführt wurde. Die Sieger der Altered- und Intact-Klassen treten am Ende jeweils gegeneinander an und haben die Chance auf die begehrte Schleife des „Winnersdog“ (Rüden) oder der „Winnersbitch“ (Hündinnen).

Weiterhin ist es sehr interessant, wenn man sich mit einem mitgebrachten Klappstuhl an den Rand des Rings setzt und das Richten der Klassen beobachtet. Dabei kann man einiges lernen. Viele der Aussteller sind für Fragen offen. Bei all den spannenden Eindrücken sollte der eigene Hund jedoch nicht vergessen werden. Der wäre sicher sehr unglücklich, wenn er den Großteil des Tages in seiner Box verbringen müsste. Genügend Zeit für Spaziergänge sollte also in jedem Fall eingeplant werden.

*Eine Karriere wie im Bilderbuch: ASCA- und VDH-Champion sowie mehrfach bester Hund der Rasse.*

*Hüten ist eine Leidenschaft und Passion, die von Mensch und Hund ausgehen muss.*

## EIN HÜTEHUND MUSS HÜTEN?

Das professionelle Hüten wird in Fachkreisen ungern als Sportart betitelt, denn mit dem Hüten verhält es sich anders als mit den oben beschriebenen Freizeitaktivitäten. Beim Hüten sind nicht nur Sie und Ihr Hund wichtig, sondern hier spielen auch Verständnis und Wissen für die zu hütenden Tiere, wie Rinder, Schafe und Enten, eine Rolle.
Wenn Sie auf einem Spaziergang mit Ihrem Aussie an einer Schafherde vorbeikommen und er schaut diese ganz interessiert an, dann heißt es noch lange nicht, dass er Interesse oder Talent für das Hüten hat. Hüten ist eine Leidenschaft und Passion, die sowohl vom Menschen als auch vom Hund ausgehen muss. Wenn Sie sich also ernsthaft für das Hüten von Vieh interessieren, dann besuchen Sie Seminare erst einmal ohne Hund. Informieren Sie sich und suchen Sie Kontakt zu professionellen Trainern (siehe Adressen S. 122).
Haben Sie einen passenden Trainer gefunden, der sicher darum weiß, dass Hüten für Sie eine Leidenschaft werden wird, welcher Sie mit ernsthaftem Interesse nachgehen, dann wird er aller Voraussicht nach mit ca. sechs bis neun Lebensmonaten antesten, ob Ihr Aussie Interesse und Talent für das Hüten hat. Die reguläre Ausbildung beginnt dann meist ab einem Jahr.

Das Hüten selbst und auch das Training ist meist eine sehr kostspielige und zeitintensive Angelegenheit, da Sie nur selten einen kompetenten Trainer in der unmittelbaren Nachbarschaft finden werden. Planen Sie für dieses Vorhaben also ausreichend Zeit, Geld, Geduld und gute Nerven ein.
Haben Sie mit Ihrem Aussie ausreichend trainiert und zeigen sich solide „Erfolge", dann haben Sie die Möglichkeit, das Erlernte in Wettbewerben zu zeigen. Die sogenannten Hütetrials werden vorwiegend von dem Verein WEWASC e.V. organisiert und veranstaltet. Zwar steckt die Hütearbeit in der FCI noch in den Kinderschuhen, doch seit 2012 kann man auch dort an Hüteprüfungen teilnehmen.

## TURNIERHUNDESPORT

THS ist wahrscheinlich am besten als „Leichtathletik mit dem Hund" zu beschreiben. Es ist dabei die Fitness von beiden Parteien gefragt. Das Besondere am THS ist, dass sich Mensch und Hund gleichermaßen in das Wettkampfergebnis einbringen und eine Aufteilung in Altersklassen sowie eine getrennte Wertung von Männern und Frauen erfolgt.

Ihr Aussie muss beim THS z. B. verschiedene Hindernisse wie Hürden, Tunnel oder Stege bewältigen, sich gut in der Unterordnung präsentieren oder aber „nur" laufen. Und Sie müssen versuchen, möglichst schnell und fehlerfrei mit Ihrem Hund gemeinsam ins Ziel zu gelangen. Beim Turnierhundsport gibt es sieben Disziplinen: Vierkampf, Dreikampf, Hindernislauf, Geländelauf, Combinations-Speed-Cup (CSC), Shorty und K.O.-Cup.

## DISCDOGGING

Discdogging wird auch Dog Frisbee genannt. Es handelt sich hierbei um eine Hundesportart mit einer Wurfscheibe. Dem Laien hinlänglich bekannt ist das Werfen eines Frisbees, den der Hund fängt und zurückbringt. Beim Discdogging weitet sich das Spektrum durch unterschiedliche Varianten und das Einüben spezieller Tricks. Dadurch wird es nie langweilig und man kann durch unterschiedliche Würfe oder Tricks für Abwechslung im Training sorgen. Von besonderer Bedeutung für das Training ist Ihre eigene Wurftechnik. Sie sollten demnach zu allererst lernen, die Scheibe richtig zu werfen.

*Die richtigen Wurftechniken zu erlernen, ist die größte Herausforderung beim Frisbee.*

*Action, Geschwindigkeit, verschiedene Würfe und Tricks sorgen für Abwechslung beim Discdogging.*

Um Discdogging zu beginnen, brauchen Sie nur eine große Wiese ohne Unebenheiten und eine spezielle weiche Frisbeescheibe für Hunde. Wem Discdogging als Hobby nicht mehr ausreicht, der kann sich auf Turnieren in den Disziplinen Freesytle, Mini Distance, Long Distance und Accuracy mit anderen Begeisterten messen.

## FLYBALL

Flyball ist eine Mannschaftssportart, welche gut mit einem Staffellauf verglichen werden kann. Vier Hunde einer Mannschaft treten gegen vier Hunde der anderen Mannschaft an. Der Parcours wird von jedem Hund einzeln absolviert. Sind alle vier Hunde im Ziel, wird die Zeit gestoppt. Im Idealfall benötigt eine Flyball-Mannschaft dafür weniger als 20 Sekunden. Der Parcours besteht aus vier zu absolvierenden Hürden, hin zu einer Ballmaschine, die vom Hund betätigt werden muss, der Ball wird gefangen und der Hund bringt ihn schnellstmöglich über die vier Hürden wieder zurück zum Hundeführer. Ist der erste Hund durchs Ziel gelaufen, darf der nächste Hund starten. Passiert einem Hund im Parcours ein Fehler, so muss er erneut starten.
Der größte Reiz an dieser Sportart liegt im Teamgefühl, da stets die Ergebnisse der gesamten Mannschaft zählen. Für den Aussie besonders spannend, da er im Flyball seine Schnelligkeit, Wendigkeit und Springfreude unter Beweis stellen kann.

## DOG DANCING

Dog Dance ist eine noch relativ junge Sportart in Deutschland. Ziel ist es, mit seinem Hund im Takt der Musik zu laufen und verschiedene Bewegungsformen und Tricks zu zeigen. Begonnen hat Dog Dance als „Heelwork to music", bei welcher sich der Hund die meiste Zeit in einer der 18 vorgegebenen Fußpositionen – passend zur Musik – befindet.
Heute sieht man Dog Dance immer häufiger als „Freestyle". Hierbei kann das Team aus Tricks und Fußpositionen frei wählen und eine zur Musik passende Choreografie erstellen. Dabei geht es nicht um Geschwindigkeit, sondern um Teamwork und eine gemeinsame Harmonie in der Bewegung.

Beim Dog Dance sind der Fantasie keine Grenzen gesetzt, weswegen es auch nie langweilig wird. Sie können sich immer wieder neue Übungen und Kombinationen einfallen lassen, die Ihnen und Ihrem Aussie Freude bereiten.

*Slalom durch die Beine stärkt das Vertrauen.*

# SERVICE

## — *Wissenswertes für Hundehalter*

# NÜTZLICHE ADRESSEN

## INTERNATIONALER DACHVERBAND

Fédération Cynologique Internationale (FCI)
www.fci.be

## USA

American Kennel Club (AKC )
www.akc.org

Australian Shepherd Club of America (ASCA)
www.asca.org

## DEUTSCHLAND

Verband für das Deutsche Hundewesen e. V. (VDH)
www.vdh.de

Australian Shepherd Club Deutschland e. V. (ASCD)
www.ascdev.de

Australian Shepherd Competition Club Germany (ASCCG)
www.asccg.de

Australian Shepherd Versatility Association (ASVA)
http://asvaev.net

Club für Australian Shepherd e.V. (CASD)
www.casd-aussies.de

Western Europe Working Australian Shepherd e. V. (WEWASC)
www.wewasc.com

Deutscher Verband der Gebrauchshunde-sportvereine (DVG)
www.dvg-hundesport.de

Int. Rasse-Jagd-Gebrauchshunde-Verband e. V. (IRJGV)
www.idg-irjgv.de

TASSO e. V.
Hier können Sie Ihren Aussie registrieren lassen
www.tasso.net

Dortmunder Kreis (DOK)
Gesellschaft zur Diagnostik genetisch bedingter Augenerkrankungen
www.dok-vet.de

# VERWENDETE QUELLEN

Aussie Times – The official publications of the Australian Shepherd Club of America Inc.

Hartnagle-Taylor, Jeanne Joy: All about Aussies. The Australian Shepherd from A to Z. Alpine Publications 2005.

Meyer, Helmut und Jürgen Zentek: Ernährung des Hundes. Grundlagen, Fütterung, Diätetik. Enke-Verlag 2013.

Reinerth, Susanne: Natural Dog Food. Rohfütterung für Hunde – ein praktischer Leitfaden. Books on Demand 2005.

## INTERNET

www.lethalwhites.com
www.asca.org/aboutaussies/breedstandard
www.asca.org/aboutaussies/personalityand-character
www.wewasc.org
www.futtermittellexikon.de
www.casd-aussies.de
http://ascdev.de

# ZUM WEITERLESEN

Zum Weiterlesen finden Sie hier eine Auswahl an Hundebüchern aus dem Kosmos-Verlag.

## HALTUNG UND GESUNDHEIT

Bucksch, Dr. Martin: **Ernährungsratgeber für Hunde.** Fit und gesund – Hunde richtig füttern.

Bucksch, Dr. Martin: **Kosmos Praxishandbuch Hundekrankheiten.** Vorsorge und Erste Hilfe, Krankheiten erkennen und behandeln.

Esser, Johanna: **Körpersprache von Hund und Mensch.** Mimik, Körpersprache, Bewegung.

Handelman, Babara: **Hundeverhalten.** Mimik, Körpersprache und Verständigung.

Klüver, Danja: **BARF – Rohfütterung für Hunde.**

Mrozinski, Normen: **Hütehunde als Begleiter.** Rassen, Erziehung, Beschäftigung.

Theby, Viviane: **Das Kosmos-Welpenbuch.** Entwicklung und Auswahl, Eingewöhnung, Sozialisierung und Erziehung. Für einen guten Start ins Hundeleben.

## ERZIEHUNG

Donaldson, Jean: **Hunde sind anders – das Praxisbuch.** Positive Bestärkung erfolgreich anwenden.

Führmann, Petra, Nicole Hoefs und Iris Franzke: **Das Kosmos Erziehungsprogramm für Hunde.** Mit Trainingsplan für jede Übung.

Koring, Mel: **Clickertraining für Hunde.** Erfolgreich erziehen mit dem 8-Wochen-Plan.

Pryor, Karen: **Positiv bestärken – sanft erziehen.** Die verblüffende Methode, nicht nur für Hunde.

Theby,Viviane: **Hundeschule.** Motivieren, erfolgreich erziehen, Verhalten formen mit dem Clicker.

Winkler, Sabine: **So lernt mein Hund.** Der Schlüssel für die erfolgreiche Erziehung und Ausbildung.

## BESCHÄFTIGUNG

Actun, Karin: **Hundefrisbee.** Flinke Scheiben, flotte Sprünge.

Kitchenham, Kate: **Spielekiste für Hunde.** 5 Spielzeuge – 50 Spielideen.

Spona, Helma: **Obedience.** Verschiedene Trainingsansätze zu jeder Übung. Mit aktueller Prüfungsordnung.

Theby, Viviane und Michaela Hares: **Agility.** Vom ersten Hindernis bis zum Parcours.

# REGISTER

## BILDNACHWEIS

95 Farbfotos wurden von Jana Weichelt/Kosmos (www.tierfoto.eu) für dieses Buch aufgenommen. Weitere Farbfotos von Arco Images, www.arco-images.de (S. 5, 6, 10), Undine Bresch, www.aussie-queeny.de (S. 7, 112, 113, 118), Ivonne Felgenhauer, www.charming-dogpics.com (S. 8, 57, 102), Gartenschatz (S. 81), Rike Geist, www.baltic-breeze-australian-shepherds.de (S. 11, 53, 58, 59, 103, 104, 111, 122), Sebastian Haas, www.sebastianhaas.eu (S. 116), Sebastian Haas und Lea Rebensburg, http://australian-shepherd-luke.jimdo.com (S. 117), Peter Holtfreter (S. 110, 123, Außenklappe hinten), Bianca Lendel (S. 15 unten links), Karina Osowska (S. 9), Walter Reintges, www.rockwater.de (S. 105, 115), Andrea Sawicka (S. 108, 109), Heike Schmidt-Röger, www.schmidt-roeger.de (S. 51), Heike Schmidt-Röger/Kosmos (S. 43), Sabine Stuewer/Kosmos, www.stuewer-tierfoto.de (S. 16, 19, 34, 54, 55, 61, 62, 63 oben, 100, 128), Tina Schäfer, www.pfotastisch.de (S. 15 unten rechts).

Illustration von Wolfgang Lang, www.natur-illustration.de

## IMPRESSUM

Umschlaggestaltung von WALTER Typografie & Grafik GmbH, Würzburg, unter Verwendung von Farbfotos von Rike Geist (Vorderseite) und Jana Weichelt/Kosmos (Rückseite, Klappen) sowie Illustrationen von Shutterstock/Nikiteev_Konstantin.

Mit 138 Farbfotos und 1 Zeichnung.

---

Alle Angaben in diesem Buch erfolgen nach bestem Wissen und Gewissen. Sorgfalt bei der Umsetzung ist indes dennoch geboten. Der Verlag und die Autorin übernehmen keinerlei Haftung für Personen-, Sach- oder Vermögensschäden, die aus der Anwendung der vorgestellten Materialien und Methoden entstehen könnten.

---

Unser gesamtes Programm finden Sie unter **kosmos.de.**
Über Neuigkeiten informieren Sie regelmäßig unsere
Newsletter, einfach anmelden unter **kosmos.de/newsletter**

Gedruckt auf chlorfrei gebleichtem Papier


ISBN 978-3-440-12549-6
Redaktion: Angela Beck
Gestaltungskonzept: Peter Schmidt Group GmbH, Hamburg
Gestaltung und Satz: Atelier Krohmer, Dettingen/Erms
Produktion: Eva Schmidt
Druck und Bindung: Print Consult GmbH, München
Printed in Slovakia / Imprimé en Slovaquie

FSC www.fsc.org MIX Paper from responsible sources FSC® C084279

# Rassestandard
## — *Australian Shepherd*

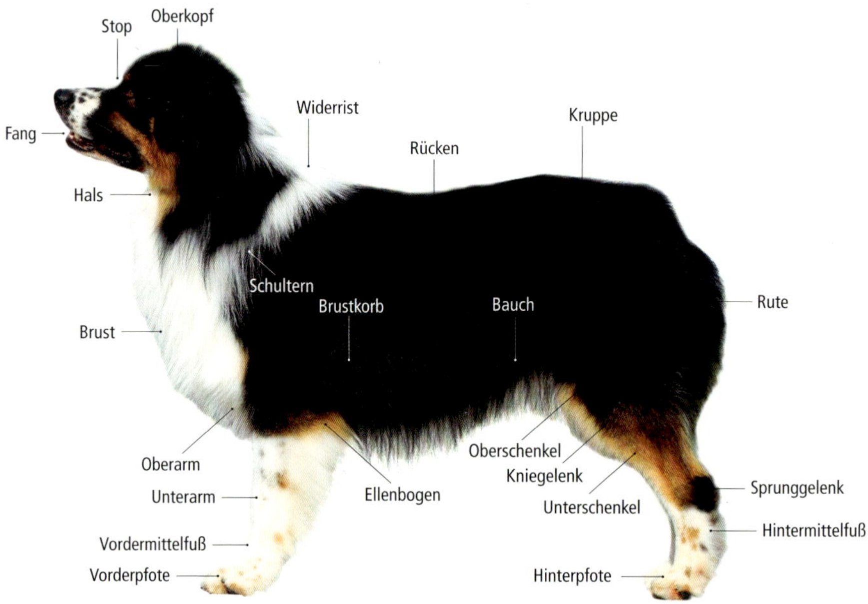


Hier ist ein Auszug aus dem Rassestandard des Australian Shepherd (Australischer Schäferhund) wiedergegeben. Den kompletten Standard finden Sie auf www.fci.be

## Allgemeines Erscheinungsbild

Der Australische Schäferhund ist gut proportioniert, etwas länger als hoch und von mittlerer Größe und Knochenstärke. Die Farben seines Haarkleides haben eine große individuelle Variationsbreite. Er ist aufmerksam und lebhaft, geschmeidig und beweglich, kräftig und gut bemuskelt, jedoch ohne jede Schwere. Sein Haar ist mittellang und mäßig grob. Er hat entweder eine kupierte oder eine natürliche Stummelrute.

## Wichtige Maßverhältnisse

Die Länge des Rumpfes (von der Brustbeinspitze zum Sitzbeinhöcker gemessen) ist etwas größer als die Widerristhöhe. Der Australische Schäferhund ist somit etwas länger als hoch.
**Körperbau** Robust, Knochenstärke mäßig. Der Körperbau des Rüden ist geschlechtstypisch kräftig, ohne jedoch derb zu wirken. Die Hündin ist sehr weiblich in ihrem Aussehen, jedoch ohne jegliche Schwäche in ihrem Knochenbau.

## Verhalten/Charakter (Wesen)

Der Australische Schäferhund ist ein intelligenter Arbeitshund mit ausgesprochenem Hüte- und Bewachungsinstinkt. Er ist ein pflichtgetreuer